THE SOIL WILL SAVE US

KRISTIN OHLSON

HOW SCIENTISTS, FARMERS, AND FOODIES ARE HEALING THE SOIL TO SAVE THE PLANET

土壤的救贖

科學家、農人、美食家
如何攜手治療土壤、拯救地球

克莉斯汀・歐森　　周沛郁　譯

「心（heart）這個字就算碎了，也能重組成土壤（earth）。」

——湯普森（Daniel Thompson）

土壤的救贖

科學家、農人、美食家如何攜手治療土壤、拯救地球

目次

前言

Introduction

我正在我克里夫蘭的家中後院做事，其實是悠哉地在秋日的景色和氣味裡閒混。黃葉樹冠襯托著鮮明的藍色天空，彷彿繁星閃爍。發褐的枯葉落滿院子陰暗潮溼的角落，一股正山小種紅茶的香氣撲面而來。可惜每年清除葉子的合奏聲毀了這個平靜的日子。一些院子裡，吹葉機咆哮，揚起一陣陣塵埃。其他院子裡，人們用耙子刮刮耙耙。我是刮耙派的信徒，揮動著老舊的塑膠耙子，耙齒斷了不少根，像一隻啃短了指甲的大綠手。

一切再平凡無奇不過，只不過我不像我鄰居那樣把葉子耙到防水布上然後丟進回收袋，或是拖到人行道邊。我正把我車道上的葉子耙回草坪，把一堆堆小山般的葉子推上泥濘的草皮，然後用耙子整平，讓葉子形成一層秋天的繽紛薄大衣，覆蓋稀疏的草。我能想像我的第一任丈夫吼道：「妳會害死那些草！」而我會告訴他，才不會，我是想**救**那些草。

我對擁有美麗的草坪沒有多大興趣，以我的經驗，女人都不太在乎草坪，而男人在乎。記得我父親在八十多歲的時候望著他房子後面那片翠綠，嘆息道：「我只希望死前能有一片完美的草坪。」我和我的手足聽了，覺得既可笑又心酸。他不是一直有一片完美的草坪嗎？既然草坪恐怕不會變得更完美，他注定要失望地死去嗎？

在我眼中，我的草坪向來是空白地帶，夾在我的花圃和橢圓菜園中間。我們幾十年前買下這棟房子的時候，那裡的優勢是全天都有陽光，但現在大部分的時間都籠罩在櫟樹和楓樹的陰影下，偶爾被該死的榆樹遮住。我們搬來的時候，草就不大茂盛了，而我們進駐後又進一步摧殘了草地。我們新建一條水泥車道和車庫之後，排水出了問題，一下雨，車庫就會灌入三十公分深的水。承包商為了解決問題，挖了一條又一條暗渠，院子都給拆了（結果問題沒解決），然後另一家承包商終於拆掉一切（包括車道），把所有暴雨水都引入排水管。

就這樣，重型機具在兩年之間斷斷續續輾過後院。如果月亮是由遍布鑿痕和凹溝的泥地構成，那我從廚房看出去的風景就是月球表面了。我在某一年的復活節買了一籃「瘋瓜」的種子給孩子種植。藤蔓很快就覆蓋了整個院子，葉面帶點絨毛的彎彎葉子遮掩了醜陋的景色，撫平了我的心碎——我滿心規畫花園，卻只落得再度叫來推土機。（應該有人試試用這些瘋瓜製造乙醇，小小一把種子竟能長成那麼緜延不絕的植物，我真是大開眼界。）

最後，我們終於種了草和花。花床很棒（以顏色和形狀組成的季節狂歡會），然而草坪依然無藥可救。推土機把土壤壓得太緊實。太多季的塑膠滑水道。太常在上面跑跑跳跳，太常玩踩高蹺、彈簧單高蹺和三輪車。太多場越界的籃球賽。太常被這隻狗兒撒尿，那隻狗兒挖掘。我結束了第一段婚姻，在開始第二段婚姻的時候，婚禮的百位來賓在那片可憐的草皮上踐踏了三小時。之後，又多了兩隻狗在草地上來回追逐（就是現在衝過我一堆堆落葉的那兩隻年輕黑狗），爪子朝身後踢起一塊塊草皮，最後地面只剩下坑洞。還有缺水的問題。雖然克里夫蘭這座城市的降雨和降雪很多，有時候仍然需要澆水，而老實說，我對草一向吝嗇。

於是，現在我的草坪幾乎只是裸露的泥土。硬到天氣熱的時候可以在地上敲碎盤子，泥濘到雨天我寧可在傾盆大雨中遛狗，也不想把狗放到院子裡跑。之後，我的第二段婚姻結束，孩子也都搬出去了，狗兒成為我唯一的同伴，也是我僅存的親愛駐屋者。我終究也渴望有片好草坪，只為了別讓狗兒滿身泥。

二〇一一年初秋，我瀏覽報紙尋找冬天來臨前的草坪照顧建議，在看到草坪用的化學藥劑廣告時皺了皺鼻子。我堅決反對用那些藥劑，瞧瞧化學藥劑讓我可憐的父親多麼心碎。克里夫蘭植物園有人寫了篇文章，建議通氣、堆肥、補播種，但我的堆肥只夠用在院子的一小角。我把堆肥鋪在那裡，每隔十來公分就用乾草叉戳一下，增加通氣，然後用葉子覆蓋剩下的院子。這麼一來，明年春天我或許會有一塊好一點的草坪。而且我或許能盡我微乎其微的渺小力量去拯救我們的氣候，調治一些祕密根源於土壤的災禍。

三年前，我第一次聽到土壤和氣候的關聯。二〇〇五年，我替《美食家》雜誌寫一篇專文❶，主題是當地一家名叫「帕克．博斯利」的餐廳，博斯利不只兩度榮登這本雜誌的頂尖大廚快訊，也是地產地銷運動的旗手，早在一九八〇年代就開始為他的餐廳尋找當地食材。他在俄亥俄州的酪農場長大，後來成為老師，然後在法國待了一段時間，突然迷上法國的菜單——法國菜單會順應最新鮮當令的食材，每季更換。

他在克里夫蘭開餐廳時，也複製了這種菜單。他造訪克里夫蘭城外的菜攤，試吃桃子，問農夫：「如果我下星期回來，可以賣我幾大簍嗎？」他到年輕時去過的鄉間探險，敲敲農家的門，說他想買他們的豬肉或蛋或雞肉，但不要透過中盤商。他勸農民試種祖傳品種、讓豬住到林子裡吃橡子和蘋果、拿幾碗酸奶餵雞讓雞啄食凝乳。不

❶可惜文章還未刊出就夭折了。——作者注

久，他就建好地產食物的供應鏈，既供應他的餐廳，也供應克里夫蘭周圍如雨後春筍般冒出來的農夫市集。我訪問他的時候，他餐廳裡的食物就有九十七%來自當地。他影響了克里夫蘭附近小農場的處境，幫助許多小農場存活下去，甚至擴張。他一直都知道西班牙托雷多附近有戶人家正要開始做羊奶乳酪，也知道用怎樣的法式屠宰法可以切出更好的肉塊，甚至認識在義大利學習製作薩拉米香腸的那個田納西州青年。

我寫食物類的文章需要新題目時，都會打電話或寫電子郵件給博斯利，他會讓我知道有什麼新鮮事。某一天，他告訴我：「碳農業。這是新發展。」

他解釋道，小農間有股新運動。他們知道所有農牧生命的基礎都是土壤，不論是養雞或種玉米，養豬或種菠菜，養牛或種桃子，都一樣，因此他們正在改變處理土壤的方式，動作有大有小。有時他們自稱為土壤農，有時自稱為微生物農，他們很清楚土壤裡有數十億的微小生物，他們看不見，但科學家說這些生物正在土壤裡工作。有時他們自稱為碳農，他們知道讓土壤更肥沃、更溼潤、顏色更深的，是碳。有些農人一直密切留意科學家的研究，這些科學家說，這樣的農法可以透過光合作用加速除去大氣裡的二氧化碳，減緩甚至扭轉全球暖化。相信全球暖化的農夫以這樣的農法自豪，不相信的（許多農業界的人至今仍然不相信）看到他們的土地、作物和牲畜超乎想像地生機勃勃，依然感到激動。

我在動筆寫這本書之前，花了幾年追蹤其中一些科學家、碳農和碳牧人的活動。我參加他們的研討會、讀他們的網誌和科學論文、視察他們的試驗地、吃他們的產品、跟我的朋友嘮叨他們的事、寫文章介紹他們。土壤中的生命讓我驚歎不已，我這才知道我們站在地球的表面時，腳下其實有個微生物的廣大國度，少了這個國度，我們所知的生命不可能存在。即使在我家那一小塊後院，土裡也有好幾兆的微生物，宛如擠滿細小生物的黑暗海洋。我站在地上，想到腳下有那麼多事情正在運作，幾乎有點暈船了。

我學到的一個法則是：光禿的土地會餓死土壤中的微生物。這些微生物需要活的或死掉的植物提供糖分、碳水化合物和蛋白質等食物。微生物偏好茂密而多樣、正在生長的成叢植物（土裡的根！），不過乾掉的生物量也可以讓微生物撐到多汁的東西再度出現，所以我才心生一計，把葉子耙到光禿禿的草坪上。我的微生物在冬天若有死葉子可以啃，或許就可以撐到春天，然後鑽遍土壤，在地下建立黑暗的聚落，再度欣欣向榮，也讓草坪通氣。這麼一來，或許草坪到下個春天就更容易發芽、吸水了。

也可能不會——要讓我的草坪恢復生機，或許需要更複雜的處理，正如要恢復土壤中的碳需要更複雜的嘗試。不過這是我的小實驗，我只希望不會有鄰居看到我院子裡有一堆堆葉子，就派兒子過來把葉子耙攏，就像不時有鄰居過來鏟我車道上的雪一樣。除非對土壤裡的驚人生命略有所知，否則把葉子堆在草坪上，實在沒道理。

第一章

Where Did All the Carbon Go?

碳都到哪去了？

俄亥俄州大學「華特曼農業與自然資源試驗所」的八十七號樣區曾經是一座農場的一部分。十九世紀，拓荒者在俄亥俄州中部的密林中砍出這塊地。他們種了玉米、小麥和燕麥餵馬，種了裸麥釀威士忌。種了亞麻，和羊毛混紡成麻毛織品給男人穿。種了蘋果，甚至有約翰・「強尼・蘋果籽」・查普曼帶去俄亥俄州的一個品種。此外大概還有十來種作物。肥沃的土壤讓他們有充裕的食物可以吃、分享一點給鄰居，甚至賣給偶爾出現的陌生人。他們從土裡撿起箭頭和石珠，遙想著也在富饒谷地活躍過的古代原住民。

華特曼家族是最後一代在這塊土地上耕作的人，當哥倫布市和市郊包圍農場時，這家人決定把地交給俄亥俄州大學。時至今日，農場留下來的就只有十來公頃的土地，周圍是一塊塊帶狀森林，更外圍是新的都市峽谷。附近車輛川流不息，數百隻鳥俯衝瞰視著田地，這兩群相異的移動物體形成不和諧的背景。

這些土地不曾受到推土機摧殘，幾位土壤科學家可以在這裡進行實驗。在又溼又冷了幾星期之後的某個又溼又冷的冬日早晨，拉爾載我去看那裡長出了什麼——假如有東西長出來的話。他擔心時候太早，他們的試驗作物還沒從溼透的土殼中冒出來。不過他從大學的貨車走下來繞過泥地上的水坑時露出微笑，伸手指了指。「有東西在長！」八十七號樣區上，一排排新生的玉米就像一排排細小搖曳的綠色羽毛，正朝斑駁的城市天際線伸展。

拉爾是俄亥俄州大學「碳管理與吸存中心」的主任，這個中心吸引了世界各地的研究者，我們周圍都是他學生的實驗。這工作拉爾已經做了五十年，如今的他一頭白髮，高大優雅，戴著灰邊大眼鏡，已經不再掘土。

即使如此，這片田地的種植者仍仰賴拉爾在生涯早期極為重視並鼓吹使用的兩種方法來讓土壤更肥沃，並防止土壤遭到侵蝕。首先是採取免耕農法。我在加州的農業谷地長大，喜愛犁田的規律、大地上刻劃的優雅線條、開拓豐富神祕的土壤。我特別喜愛俄亥俄州的農耕。二〇一二年我拜訪拉爾的時候，還住在俄亥俄州，開車經過鄉村小徑可以看到基督新教的阿米希農民用一隊隊蹄子毛茸茸的高大馬匹犁田。不過犁田其實會破壞土壤結構，導致土壤中的碳曝露在空氣中（土壤中的碳是易碎的黑色物質，世世代代農人明白這代表最好、最肥沃的土壤），和氧結合成二氧化碳飄走。因此，這片田地用的機具會在土壤裡的根和前一年作物的殘株間鑿出裂口，投入種子。這是一片沒有犁溝的田。

第二個差異是，我從克里夫蘭南下時，道路兩邊那上千公頃的土地彷彿一捆捆乾淨的褐色燈芯絨布，而八十七號樣區則散落著枯葉和玉米稈的碎屑。去年秋天，這裡沒燒掉作物的殘株，也沒讓人拖走去餵豬，或是送去乙醇廠，而是切碎撒在地上。殘株留在地上能減少侵蝕，夏天則能降低土壤的溫度。殘株也能提供食物給蠕蟲和其他生物，這些生物能給土壤通氣，使土壤更肥沃，因此讓土壤更多孔隙、更能吸水。

拉爾彎下身，用細長的手指敲敲一層半腐爛的玉米稈，手背上的**嗡**字刺青在微弱的陽光下淡淡泛藍。他把作物的殘株推到一旁，檢視土壤，說：「看到下面的土沒有龜裂吧？土壤有殘株覆蓋保護，就不會被炙熱的陽光照到，就不會那麼乾。妳看——」他把手指插進鬆鬆的一堆土裡。「這裡，妳可以看到生物就在這裡吃作物殘株。這是生物的排泄物，除了讓土變鬆，也能讓土更肥沃。蚯蚓可以把葉子拖到土裡超過九十公分深的地方。」

他的目光從小尺度切換成大尺度，說：「妳看向田裡，可以看到土表沒有水。這裡的土壤會吸收水分，水就不會流走或是形成水坑。」

我記起我開車南下時，公路兩旁田裡有前一晚雨水積成的水潭。這片田地就像巨大的褐色海綿，那些水都藏在我們看不到的地方，留在大地的孔隙中。

某種我看不到的東西吸引了我，把我帶到這裡和拉爾見面，這些東西就是土壤所含的碳。拉爾這位土壤科學家念茲在茲的，就是全球最貧困的農民（他在貧困的農民間長大，先是在巴基斯坦那一側的旁遮普地區，印巴分治之後則是在印度那一側），一心想幫助他們種出更好的作物，不讓他們的土壤遭到沖蝕。在這過程中，他發現土壤會因為犁田和土地管理不當而失去賦與生命的碳。碳溢散到空氣中，不只對數百萬貧困的農民造成衝擊，對已開發國家的數千企業化農民造成困難，還會嚴重加劇全球面臨的威脅：增加大氣中的溫室氣體量。其實直到一九五〇年代，空氣中過剩的二氧化碳大多還是源自人類利用土地和森林的方式。

所以拉爾雖然不再掘土，但依舊忙碌。他大部分的時間都飛來飛去，在世界各地的研討會討論土壤碳和全球暖化的關係。他要傳達的訊息是，我們必須盡一切所能，避免失去歷史悠久的土壤碳，並且要盡一切可能增加、保留土壤裡的碳。他也把這個訊息帶到「美國國家氣候評估及發展諮詢委員會」，他是那裡唯一的土壤科學家。其他土壤科學家雖然知道土壤碳和全球暖化之間的關聯，但並沒有積極把這訊息傳到外界，也沒有積極地解釋土壤研究的重要性。

拉爾是一九九〇年代美國土壤科學學會的會長，他說：「就連我也不擅長做這種事。有一天，我對一群人解說一些事情的時候，我說『這又不是火箭科技』，事後我想了一下，我當時應該說『這又不是土壤科技』！」

雖然八十七號樣區和他家在印度的〇．八公頃農場天差地遠，卻喚回了他的記憶。他父親會用一隊閹牛犁田，然後他和父親坐在木板上讓牛拖過地面，把田整平。他們在太陽下曬麥子，之後趕閹牛，讓閹牛把麥子拖過地面，把麥粒脫出來。他們清潔麥粒的方式是拋起麥粒，讓風吹去灰塵和麥殼。

他們住的村子都是泥磚房，沒有電，連馬路都沒有。由於沒人有剃刀，附近也沒有理髮師，因此男人都蓄鬍。有個理髮師每個月來村裡一次，替大家理髮、刮鬍子，換取米和麥。每家都有一隻乳牛，他們把牛奶做成酸乳，這是他們的主食。乳牛死了，屠夫會把牛皮做成皮鞋（他們都是虔誠的印度教徒，絕不會想到殺牛來吃）。拉爾說：「頭幾天皮鞋穿起來又硬又痛！我們總是起水泡。有時候我們就只提著皮鞋走動。」

農場的收成勉強夠他們餬口，但城市裡饑荒肆虐。農民生產的食物就是不足以餵飽所有人口。拉爾以科學的眼光回顧過去，才明白他們數世紀的耕作方式注定使得生產力低落，並且持續減少。有問題的不只是犁田，更大的問題是，村民取之於大地，卻從來不回報大地——他現在稱之為「榨取式農耕」。他們收集田裡作物的殘株，拿去爐子裡燒，或拿到市場賣錢。他們收集閹牛的糞便，乾燥之後也拿來燒。如果作物殘株和牛糞都留在田裡，土壤會變肥沃，但農民會更窮。拉爾說：「作物殘株和牛糞都很寶貴，我們都拿走了。即使現在，那裡也不會有人把那些東西留在田裡。那對貧農來說仍然很貴重。」

他七歲的時候，有個小販騎腳踏車穿過村裡，以兩便士的代價替人刺青。拉爾不記得他怎麼會有兩便士，總之他請小販在他手上刺了**嗡**的刺青，這個梵文的意思是創造之聲。他看著那又黑又腫的小小一塊，覺得這不值兩便士的天價。小販答應在他上臂刺上他名字的縮寫RL，代表「拉坦．拉爾」。男孩當時不會唸英文，這兩個字母對他毫無意義。

不過他知道嗡這個字。他祖父是印度教的祭司，男孩知道四十種瑜伽的姿勢，也知道怎麼吟誦對應的梵咒。家族原本希望他繼承祖父的教士之職，但小拉爾不只懂得那些梵咒，也很擅長數學。家人最後決定送他去德里的大學。一天他在走廊遊蕩的時候，和蹲在門邊的年輕人聊了起來。那人是小廝（替別人跑跑腿，是真的賺得到錢的工作），拉爾問他能不能也幫他找份小廝的工作。就在這時候，一輛吉普車停到大學門外，車身上有閃亮的「俄亥俄州大學」字樣。拉爾問：「這裡有美國人啊？」

小廝點點頭。「他們會發獎學金呢。」

幾年後，拉爾得到獎學金，靠著印度政府給的八美元旅行津貼來到俄亥俄州——他一直覺得這是筆大錢，最後才發現光一晚的住宿費就遠遠超過這個數目。他尾隨著掌聲走進大學的一條走廊裡，探了探頭，發現滿房間的國際學生，這才找到棲身之地。裡面有人戴著他家鄉旁遮普的頭巾，他們邀他同住，等經濟自立了再搬走。之後是更多的獎學金、得獎和恩師，足以保證他前途光明。拉爾說：「我很幸運，碰上天時地利人和。」

多年之後，他才受到事業上第一個重大阻礙，跌了一跤。他得到土壤科學的博士學位之後，受僱於奈及利亞的國際熱帶農業研究中心，洛克菲勒基金會成立了十五間研究中心，這正是其中一間。他在這所研究中心工作了十三年，努力發展新的永續農耕方式，希望取代奈及利亞和許多非洲人使用的方法。

非洲人和他印度村落的農民不同。印度農民在同一片田裡耕作多年，非洲的方式則稱為「遊耕」或「刀耕火種」農業。他們用大砍刀在森林裡清出農地，燒掉樹木，為土壤提供養分。他們在農地種玉米、薯蕷和甜瓜，直到地力就這麼耗竭。由於非洲許多地區的土壤既古老又薄淺，在多岩的底土上面只有十公分左右的理想土壤，因此地力通常短短幾年內就會耗竭——按農業學家的說法，根系深度很淺。農地的養分耗盡之後，他們讓田休耕十五或二十年，等待恢復。不過隨著人口增加，原始林都已經變成農地，到處都是沒有生產力的老舊田地。拉爾的任務就是幫他們重建土壤的肥力。

拉爾開始在試驗地清出一塊地區，但首次的嘗試幾乎一敗塗地。他徹底整地，甚至把樹根拖出來，做得比當地農夫更絕。然後他建造梯田，控制水的逕流，接著犁田。他種下玉米、豇豆和稻子，事情看起來很順利。但他的董事會要來視察成果的前一天晚上，兩小時內下了一百公釐的雨量，他的樣區只有一塊完好，上面覆蓋著厚厚的作物殘株，其他則全被沖走，只剩土裡凹下的雨溝。

他請董事會延後視察，不過他也從失敗中學到了教訓。他發現犁田會擾動土壤，使土壤容易受到侵蝕。犁田也會破壞土壤的結構，也就是砂、粉砂和黏土的內部結構，空氣、水和養分因這結構而得以循環，而這是蚯蚓和其他生物以數十年時間建立起來的。他準備下一批樣區的時候，決定盡可能不擾動土壤。他徒手清出一些土地，有些土地用機器砍下森林的地上部分，有些用化學物質殺死植被，兩種方式都不動到根系。他在一些樣區播下覆蓋作物的種子，這些作物通常不是種來吃或販賣，而是為了在休耕時期施肥、保護土壤。他替一些作物鋪上厚厚的覆蓋物，想證明作物殘株的碎屑能防止樣區被雨水沖蝕，並保護富含碳的珍貴表土。

他的目的是讓他的樣區保有跟原始林土壤一樣的碳含量，然而他一而再、再而三地失敗。他似乎就是無法克服某些困難。在嚴重風化的古老土壤中，黏土細得像粉末，和碳的結合不像其他土壤那麼緊密。雖然他沒用犁，但用機具在地上挖洞、投入種子，仍然壓實了土壤，擾動了土壤結構。雖然他蓋上作物殘株，卻似乎不足以增加土壤肥力——在中非的酷熱下，作物殘株分解迅速，土壤生物幾乎沒機會吃到作物殘株。此外，這整個行動的目的是找出某種耕作方式，讓當地人輕鬆效法，然而當地人就像他家鄉的村民，只要作物殘株可以拿去市場賣，或是餵食牲畜，就不會想拿來覆蓋在田裡。

拉爾說：「他們不在乎明年的田會比較肥沃。他們根本無力在乎明天的事。」路過的訪客常會去看拉爾的成果，當地甚至建了觀景臺，讓訪客一覽無遺他試驗地所在的四十公頃土地。一九八二年的某一天，在當地客座的某位著名科學家經過這裡，研究中心請他提供拉爾意見。兩人一同俯視田地。地表龜裂得像老舊桌面的亮光漆，也和亮光漆一樣硬邦邦。土壤呈紅色，這是碳被淋洗掉的跡象。

接著拉爾把他的訪客帶到森林，用鏟子翻起一塊土。在那裡，土壤的顏色很深，鬆脆且有蚯蚓爬著。森林裡土壤的碳含量是百分之二到三。拉爾的樣區只剩下少少的千分之五。

訪客問：「你覺得碳到哪去了？」

拉爾慘兮兮地說：「我才不管碳到哪去，我想把碳放回去。」

不過這位訪客是雷維爾，這位海洋學家很早就找出大氣中二氧化碳及其他氣體的濃度增加跟地球氣候變遷之間的關聯。一九五七年，他和化學家蘇斯以此為主題，一同替《地球》期刊寫了一篇暮鼓晨鐘的文章，提到人類釋放那麼多碳到大氣中，是在拿環境進行可怕的實驗。拉爾沒讀過這篇文章，他沒察覺他所目睹的土壤碳流失跟雷維爾注意到的大氣中二氧化碳持續攀升有關。

這時拉爾對我說：「雷維爾是偉大的科學家，是巨人。他向我解釋，我失去的一些碳進入了大氣，增加了溫室氣體的量。從前我從不了解土壤和氣候之間的交互作用，但從那時開始，我不再那麼只專注在土壤上。」

時間拉回一九八七年，拉爾在俄亥俄州發現，由於雷維爾的成果，美國農業部和環保局已經開始注意這種交互作用。他和幾位科學家組成了一個土壤碳和全球暖化的研究小組，努力探索兩個大問題：美國和全球已經失去多少土壤碳？有可能恢復這些碳嗎？

我們很容易誤以為土壤碳流失是相對比較現代的災難，是窮國人口躍增、富國實行工業化農業的結果。然而事實並非如此。人類的生活方式一從狩獵採集演變成農耕，就開始改變土壤和大氣中二氧化碳的自然平衡。定耕農業大約在一萬至一萬三千年前發源於世界各地的大河谷，像是底格里斯河、幼發拉底河、印度河和長江。公元前五千年左右，人類開始製造簡單的種植、收割工具。最早的工具只是挖掘用的木棍，不過在公元前二千五百年，印度河河谷已經有人用動物來拉犁了。

犁田看似沒有害處，而且帶著撫慰人心的田園氣息，尤其是用牛或馬來拉犁的時候。不過拉爾在二〇〇〇年的一場演講中指出：「由於在自然界中，沒有東西會定期、重複地翻起十五至二十公分深的泥土（犁田就會翻到這麼深），因此植物和土壤生物的演化中都沒有經歷這麼劇烈的擾動，也無法適應。」現代的機械化農業加重了這個問題：重型機具把土壤壓得更緊實，也就需要犁得更深，才能鬆動土壤。更多土壤被翻起、曝露在空氣中，土壤碳接觸到氧，結合成二氧化碳，散逸到上層大氣中。這些碳可能已經藏在地面下幾百或幾千年。

畜牧也打亂了碳的平衡。在人類馴養反芻動物之前，這些動物成群結隊在大草原上漫步，啃食草和其他植物的頂端，殷勤地撒下大量肥沃的糞便回報。牠們害怕掠食者，因此緊緊聚在一起，待在一個地點吃草的時間也絕不會太長。然而人類放牧這些牲畜的模式造成了劇烈的變化。動物不再持續在平原上遊蕩，而是被柵欄限制在一個地區，或在牧人與狗的保護下自在地吃草。在圍起的區域中，以及牧人機警的守衛下，牲畜會把地上的草吃得一乾二淨——既然已不再需要提防掠食者，牠們自然會在同一個地方晃，久到足以將植物的根拔起來。

然而，放任牲畜把草原吃成光禿禿的地面，會阻礙一種偉大的生物過程，也就是當初把碳大量儲存在地下的光合作用。植物吸取空氣中的二氧化碳，把二氧化碳跟陽光結合起來，轉化成植物可以使用的能量，也就是碳基糖。不是所有的碳都由植物消耗，有些是以腐植質的狀態儲存在土壤中，這個穩定的碳分子網路能在土壤裡留存幾個世紀——拉爾指出，腐植質（humus）和人類（human）有相同的字根。土壤裡的碳有許多好處，包括讓土壤更肥沃，讓土壤形成蛋糕般的質地，內部含有許多小氣室。富含碳的土壤可以緩解乾旱或洪水：下雨的時候，水被土壤吸收、留住，而不是積成水潭或流走。健康的土壤也富含微小的生物（一湯匙裡的數目高達六十億），可以分解隨著雨水滲入土壤的毒素和汙染物。拉爾認為農民不該只因為種植作物而得到報酬，由於健康的土壤對環境有益，所以他們也該因為種出健康的土壤而得到報酬。

除了光合作用，沒有其他自然的過程會持續從大氣中移除那麼大量的二氧化碳。人類若要用那麼大的規模來移除二氧化碳，不是所費不貲，就是無法保證安全。光合作用能調控建造生命的碳進入土壤的穩定循環，並產生我們許許多多的生命賴以維生的另一種氣體：氧氣，因此對我們星球上的生命而言，光合作用是最基礎的自然過程。

拉爾和他的同事發展出一種簡單粗略的方式，用來估計美國和全球土壤失去了多少的碳。我到八十七號樣區拜訪他的時候，他指著緊鄰試驗地一側的黑森林邊緣，說：「那片森林是我的基線。我們計算這個樣區和附近地區的土壤失去多少碳的時候，就是拿那片森林的土壤來比較。」

他得到美國環保局、農業部、能源部的經費，與世界各地的學生和博士後研究員合作，比較森林地區和農耕地區的碳。按他的計算，俄亥俄州在過去二百年間失去了五十%的土壤碳。不過世界上農耕了數千年的地區，土壤碳流失的量遠高於此，高達八十%，甚至更多。總合來看，全球的土壤失去了七百二十六億公噸的碳。不是所有的碳都跑到天上去了，侵蝕也將一些碳沖進了水路。但即使現在，散逸到大氣的碳仍有三十%是土地濫用的後果。

而大氣中二氧化碳的量已經達到十分驚人的濃度。二〇一三年，科學家計算出大氣中的二氧化碳達到四百ppm，而許多專家認為大氣中的二氧化碳濃度應該比這數字低五十ppm，才能有適合人類生活的穩定氣候。世界各地都設計、運用了許多乾淨的能源技術降低現代生活方式排放的二氧化碳，從化石燃料到風能、太陽能、生質能、海洋波能，甚至有個異想天開的計畫是利用人群體熱的能量去彌補發電廠不足的發電量。人類也用了許多策略來減少我們消耗的能量，包括提高天然氣汽車的燃料效率、建造產能超過耗能的住宅和辦公室。

然而這些措施都無法實際減少大氣中自古累積至今的二氧化碳含量。據說有因應方案，卻很昂貴——環保局有個計畫是捕捉大氣中的碳，注入深井中，每噸的花費是六百到八百美元。大自然之母有套低科技方案，在政策制定者眼中沒那麼迷人，不過不花一分錢，那就是光合作用，和隨著光合作用自然發展而成的土壤碳。

這是我們偉大的綠色希望。確實，我們必須繼續減少使用化石燃料，用較不浪費能源的方式生活，但我們也得和光合作用合作，別再與光合作用對著幹，這樣才能拿回大氣中超量的碳。農人、牧人、土地管理者、都市計畫者，甚至有院子的人，都得盡力讓植物欣欣向榮，不要有大片光禿的土地，畢竟不毛之地無法進行光合作用。我們得照顧數十億的微生物和真菌，它們會和植物的根交互作用，將碳基糖轉換成富含碳的腐植質。我們還得保護那些腐植質，別讓風、雨水、不智的開發和其他擾動給侵蝕了。

拉爾說這辦得到，而最有機會的，就是耕作了數千年、消耗了最多碳的地區，也就是非洲撒哈拉以南的地區、南亞和中亞，以及中美洲。

他說：「土壤裡的碳就像一杯水，我們已經喝了半杯以上，但我們可以把更多水倒回杯子裡。有良好的土壤施作，就能扭轉全球暖化。」

良好的土地管理措施每在土壤中增加〇．九公噸的碳，就表示大氣中減少了二．七公噸的二氧化碳。拉爾相信全球的土壤每年可以隔離二十七億公噸的碳，使得大氣中的二氧化碳濃度每年下降三 ppm。不過和我談過的其他人對改變的潛力遠比拉爾樂觀（尤其在我找的人離學術界愈來愈遠之後），他們說這目前還是新觀念，科學才剛碰到邊。

拉爾的研究中心和世界各地的試驗地合作（除了俄亥俄州，還有非洲、印度、巴西、波多黎哥、冰島和俄羅斯），針對除去空氣中的碳、重建土壤裡的碳，尋找不同氣候下的土地管理措施與土壤類型的完美組合。他和同事想出如何在全球各地的生態系重建土壤中的碳，其中甚至包括他早年的剋星，奈及利亞。由於世上有許多微氣候，各有不同的衝擊史、人類史或其他歷史，因此他們採用了各式各樣的方式。有件事放諸四海而皆準，那就是必須建立政治意願。由於種種因素，人類要改變很困難。

拉爾寫了幾百篇論文、幾本書，包括《美國農地隔離碳、緩和溫室效應的潛力》，這本書來到柯林頓總統以及聯合國京都議定書談判美國代表團的手中。拉爾六度在美國國會就此議題發表演說。單單在二〇一一年，就出席了七場國際研討會，解說土壤和氣候之間的關聯。然而拉爾的構想在政策制定者之間並沒有激起多少後續行動。

拉爾說：「土壤的研究對政客沒有吸引力。我跟他們提二十五年的永續計畫，而他們關注的事每四年就會換。」

不過拉爾和其他土地利用先驅的想法，激發了許多遠見者的興趣和行動。我們目前正在經歷農業的文藝復興。人們開始關注健康、永續生產的食物，對這類食物的需求因此大增，美國的小農數量在大蕭條之後首次成長：二〇〇二到〇七年之間，小農場的數量增加了四％。這些新的農人通常有大學學歷，採取的農法與畜牧法受到顧客認可。他們減量或不用肥料、殺蟲劑、殺草劑、荷爾蒙、抗生素和其他化學物質，並且讓牲畜吃草，也就是讓牲畜吃牠們演化以來就吃的食物，而不是硬塞其他食物。這些農人常常驚訝地發現土壤變了，顏色變黑了，碳含量也變高了。其中有些農人毫不在乎全球暖化，他們是受到「美國農業事務聯合會」的影響，這個跟產業相連的聯合會宣稱，七成的農民不相信人類造成氣候變遷。不過也有許多農民興奮地發現他們的腐植質有助於隔離大氣中過剩的二氧化碳，他們變成平民科學家，實驗「種植碳」的新方式，也成為創業者，努力思考這種新作物怎麼讓他們獲利。

環境團體也注意到土壤處理氣候變遷的潛力。二〇一〇年，世界觀察研究所提出四十頁報告，說明土壤和氣候之間的關係。美國野生動物聯盟將全球暖化視為對野生動物最大的威脅，並在二〇一一年提出一份報告，主題是能夠緩和氣候變遷而「對未來友善的農業」。關心環境議題的社群擔心一旦藉著土地利用管理來對付全球暖化，要求能源業與製造業減少二氧化碳排放的壓力可能就減弱了，因此還有顧忌。不過人們對全球暖化和土壤碳之間的關聯已愈來愈了解，這些知識正讓環境運動發生變革。

這些知識也改變了**我**和我對土壤的看法。我的祖父輩是農民，父母熱衷園藝，我小時候常聽到他們在討論自己和別人的花園，那是我成長的背景音。我們每次開車出去，都會停下來幾次，到路邊欣賞某戶人家的九重葛或瓶刷樹。每次去州裡其他地方，都會繞道幾次，去他們最愛的果園（「派蒂的完美桃子」，你們還在嗎？）。不論我父母住哪裡，總是有精心照顧的花床、一大片菜園，還有成堆的堆肥。我母親都九十出頭了，但若有客人把茶包丟進垃圾桶，她都還會驚慌地從椅子上掙扎起身，說：「我們是這樣做的。」其實那時我父親已過世幾年，已經沒有「我們」了。她會把茶包的線拉開，挖出茶渣，然後把茶包放進她收在水槽下的陶罐裡。她住在老人公寓，有一塊〇．二七平方公尺的土地，她還會為那塊地做堆肥。她在臨終的前幾天一言不發，家人試圖和她交談都徒勞無功，直到我兄弟戴夫喊道：「媽，我剛種下我的番茄！」她用手肘把自己撐起來，喃喃說：「黑櫻桃番茄嗎？」之前我從農夫市集買了一籃黑櫻桃番茄回家，她從此迷上這個品種。那是她的最後一句話，幾小時後她就過世了。

所以我的出身使我重視土壤，以及和土壤打交道的人。我最早是從一位名叫柯林斯的農夫那裡聽到拉爾的事，他採用拉爾和其他科學家的想法，改造了他的土地，接著成為土壤碳的傳道者。我和柯林斯通電話的時候，他聽起來總是上氣不接下氣，一部分是生理因素——他通常正把他的牛隻從一片牧地移到另一片，或是在處理柵欄，然後跑進來接電話。不過一部分是興奮——自己和其他人竟這麼巧發現了對世界真正重要的事，而他們最好加快腳步，讓大家聽他們說。

但願我能質疑全球暖化，說精確一點，應該是全球氣候變遷，因為工業革命之後，地球的大氣溫度雖然確實升高攝氏八度，不過並不表示各地都變暖了。其實各地的氣候都變得更反常，極端氣候（例如豪雨和乾旱、洪水和火災）發生的次數增加。我渴望成為所謂的「氣候變遷否認者」，但科學不讓我如願。幾十年前，科學家就開始追蹤大氣中二氧化碳的增長。數值節節上升，不過隨著世界各地的天氣愈來愈溫暖、愈來愈怪，也出現了另一種更不祥的數據。環境學者兼作家麥吉本二〇一二年在《滾石》雜誌發表一篇發人深省的文章，他寫道：二〇一二年五月是「記載中北半球最溫暖的五月，全球溫度已經連續三百二十七個月超過二十世紀的平均，而這純屬偶然的機率只有 3.7×10^{99} 分之一，分母的數字遠遠大過宇宙星球的數目」。

不過拍桌定案這件事卻很可悲。讀到北極熊因為結冰的海面逐漸消退而淹死，或聽見氣象學家一季季預報颶風增加了、年復一年宣告當年是有記載以來最熱的一年，總是令我心驚。異常溫暖的冬日或異常寒冷的春天讓我開心不起來，總覺得四季的更迭瓦解了。在愛看的雜誌裡看到全球暖化的報導，或在小說、電影裡看到氣候變遷的情節，我都會深深嘆口氣。既然需要重大的政策改變，而政策制定者似乎無法做出果敢的決定，那何必去想呢？一般人的作為顯得微不足道。

不過從二十五年前我第一次讀到全球暖化的報導以來，我第一次覺得有希望。土壤可以拯救我們。我真的相信。

第二章

光與暗結合

The Marriage of Light and Dark

人類並不是第一個造成氣候變遷的物種。最早的「汙染者」是藍綠菌（藍綠色的水生光合細菌，後來演化成植物），約在二十九億年前開始改變我們大氣中的氣體平衡。我們的星球當時差不多十六億歲，還很年幼。

地球上的生命如何形成，科學家各執一詞。有些科學家認為地球之外的微生物乘著彗星或小行星撞上地球表面，將生物的種子撒在只有岩石和水的荒涼地表，這些生命進而演化成我們今日所知的所有生命形態。其他科學家，如哈佛大學的諾瓦克博士則認為，生命起源自原生湯，其中的礦物質彼此作用，最後形成化合物。有些化合物變得比其他化合物更強，最後一個或多個化合物發生了改變一切的革新：因內部有某種模式編碼而得以自我複製。生命的定義是會改變、會繁殖，在這一刻，生命開始了，地球早期的化學促成了生物學。

誰也不確定這些早期的生物形態是在什麼時候形成或到達地球。印地安納州大學的生化學家包爾博士大方接受了幾次電話訪問，他在其中一次向我解釋：「這一切發生在太久以前，分子的記號已經不見了。」有個理論認為，早期的地球受到大災難衝擊，最初的生命形態因而絕跡，而科學家甚至無法完全確定最早的生命形態至今是否仍然存在。不過大部分的科學家相信古細菌在地球過去的高熱中演化出來，是最早的生命。這種簡單的單細胞生物存在於深海火山噴發口附近，而原生湯的溫度非常高。

古細菌是我們最初的親戚。猴子呢？我們等於位在地質時間圖譜的末端，擠到只能坐在彼此的腿上！

不過古細菌自己占據了這個星球嗎？古細菌靠著深海噴發口附近旋繞的化學物質維生，但這種食物來源不足以讓它們變得更大、更複雜。不過當時突變在地球最初的族群中創造出很大的多樣性，這些不同的競爭者為了生存而繁殖、擴張。細菌在三十五億年前演化出來，也存在於海中——海中很安全，因為當時大氣中還沒有足夠的氧氣量去阻擋太陽致命的紫外光，保護生物。在某個時刻，一隻細菌發生了另一種革新，這種革新有朝一日會使地球在我們這巨大的宇宙裡變得與眾不同。這隻細菌在海面下一、兩公尺的地方浮沉，和同類競爭資源，發展出一種把陽光（可以算是無盡的資源）變成食物的機制。光合作用就這麼開始了。

回到二〇〇一年，包爾的實驗室發現最初的光合作用生物是單細胞的紫細菌。紫細菌在世界各地仍很多，從我們腳下的土壤到冰封的南極，再到華盛頓州的皂湖，都有紫細菌。皂湖水面下一、兩公尺的水會週期性地變成酒紅色。這些生物先驅發展出用色素捕捉光能的程序，並從硫奪走電子，如此就有能量把太陽能轉換成細胞能量。

在紫細菌的例子中，是用帶有微微紫色的葉綠素來捕捉光能，這種葉綠素的結構類似血紅素，也就是讓我們血液帶有招牌的紅色、把氧氣送到我們體內各處的色素。紫細菌及其後代名為「光自營生物」，意思是這種生物會經由吸收太陽的能量來產生自己的食物。

有數百萬年的時間，這種形式的光合作用是地球上最先進的科技。紫細菌生長旺盛，唯一的限制是在水中接觸到的陽光量。那時有太多紫細菌在水中載浮載沉，因此我們古老的海洋有些地方看起來應該是紫色的。接著，另一種稱為藍綠菌的生物再次更動了這個過程，造成重大的影響。這次，藍綠菌的對象是水，也就是地球上最多的分子。藍綠菌奪走水分子中的氫，釋放氧。華盛頓大學聖路易斯分校的生物學家派樂賽說：「這些光合作用生物在開始用水當電子來源的那一刻，就勝券在握了。地球的水非常豐富，它們在哪裡都可以生長。它們接管了地球。」

地球的氧化就這麼開始了，若非有巧妙的光合作用在意外中製造出氧氣，地球會像火星一樣光禿禿，不適合居住。在這些光合作用生物登場之前，大氣是令人窒息的狀態，混合了氨、二氧化碳、氧化硫、甲烷，而氧氣僅僅占二%。藍綠菌在數千年間把氧氣提升到今日的廿一%，在這個比率下，我們可以舒適地生存了。這場大氧化在地球的地質上留下確鑿的證據：氧的活性很強，於是開始從二價鐵拉走電子，在岩石中留下不可溶的三價鐵形成的鏽紅色條紋，這和金屬生鏽時發生的過程相同，科學家由此可以確認這個事件起始的時間。不過，即使氧化的星球也不適合我們今日所知的生命居住。陸地上沒有東西可吃，除非所有的生命形態都演化成可以吸出細菌當食物，或是像海底的古細菌一樣吃化學物質。下一個光合作用的重大演化（以植物為先驅）才創造出理想的環境，提供空氣和食物給我們和其他動物。

植物的起源也是海洋。事情始於十六億年前，一個藻類吞噬了一個藍綠菌，利用了藍綠菌以陽光產生能源的能力。這樣形成的光合藻類就像藍綠菌，也在之後將操作系統調整得對自己有利。這次藻類利用的主要色素是綠色的葉綠素。由於綠色葉綠素會吸收陽光裡高能的藍色和紅色波長光線，因此植物的葉子變成地球上最早的太陽能板。充足的太陽能使得植物成為第一批非常成功的多細胞生物（很可能一開始是簡單的藻類，用保護性的絲狀體包住長鏈的細胞），最後得以累積生物量，形成鬱金香、馬鈴薯和高大的紅木。

除了水和陽光，植物和藍綠菌也需要二氧化碳分子。植物從葉子上的孔洞吸收二氧化碳，這些孔洞稱為氣孔。植物捕捉了陽光之後，就拆開二氧化碳分子，拋棄氧氣，留下戰利品碳。植物用吸收自陽光的能量，把這些碳轉化成高能量的醣類供自身使用。植物體內的每個細胞都含有葉綠素，因此能進行光合作用，即使花也一樣（我們認為花是葉適應的結果），雖然花用豔麗的色素吸引授粉昆蟲，因此我們看不見花中的綠色，但花朵含有的葉綠素卻足以進行少量的光合作用。樹木節瘤的樹皮看起來就像輪胎胎面，一點都不綠，但即使樹皮也會光合作用。

雖然我們人類總幻想自己是聰明的物種（的確沒錯），但聰明的我們卻還沒發明出足以和光合作用相提並論的東西。光合作用產生的碳基糖是建造生命的結構單元，而由於動物吃植物，有些動物吃其他動物，因此碳基糖也是地球上幾乎所有生物的食物鏈源頭。不論我們人類吃的是蒔蘿泡菜還是油封鴨，我們都在吃植物用陽光製造的碳基糖。植物和藍綠菌也是海中食物鏈的源頭——在海裡，維持其他生命的重擔主要落在藍綠菌身上，藍綠菌隨波逐流，將陽光轉化成碳基糖，讓二百種浮游生物和其他生命形態吞食。

不過其實，**植物會滲漏**，植物因此獨立扶養了另一個世界，也就是我們腳下的世界，我們竟然不曾留意的那個黑暗王國。下面的這個世界可能占了我們全球物種多樣性的九十五%。這是土壤微生物的世界，從你的花園或都市的公園、公路旁雜草叢生的土地上挖起一茶匙的健康土壤，眼前就會有大約十億到七十億個生物，數量取決於土壤的健康狀況。科學家推測，那匙土壤可能含有高達七萬五千種細菌，以及二萬五千種真菌、一千種原生動物，還有一百種叫作線蟲的細小蠕蟲。由於科學家不斷想出更理想的方法尋找微生物，因此微生物的數量不斷升高。我小時候最愛的書是蘇斯博士的《荷頓奇遇記》，講的是一隻叫荷頓的象突然聽見一個細小的聲音，那聲音來自一小撮灰塵，告訴他有個極微小的村莊（無名鎮）有了危險。我記得書裡畫了一個不大的村莊。那匙土裡的無名鎮比較像墨西哥市。想像一杯健康的土壤裡有多少微生物，比從古至今的人類還要多。

植物世界和這個地下國度的關係，始於海浪把植物打上岸，而植物努力在新天地活下去。這時，太陽、風和雨已經替土壤準備好三種基本的建構組元，體積由小到大依序是黏土、粉砂和砂，都是從地球的岩石表面剝落的細小顆粒。細菌和藍綠菌很早就在陸地落腳，除此之外，還有另一種新演化出的生物：真菌，這種生命形態既不是植物也不是動物，卻兼具二者的特徵。這些生物一直在分解岩石，以得到礦物質，同時，也已經發展出讓養分在彼此之間循環的互利關係，而真菌（這時主要是腐生真菌，也就是以死亡生物為食的真菌）讓這些新的生命形態不會被自己的有機廢棄物悶死。掠食者也出現了，在這些生物中加入另一層養分循環。當有根的陸生植物在淡水池塘中演化出來時，微生物學家英格漢博士所稱的這個「土壤食物網」就已經在運作了。

英格漢在二〇一一到一三年擔任賓州羅岱爾研究中心的科學主任，她說：「在植物往下生根，把自己固定在一個地方之前，這種養分循環已經持續了數百萬年，已經有現成的系統，所以植物不需要演化出從岩石得到養分的方法。植物只需要端出正確的糕點，也就是風味正確的根部分泌物，微生物就會生長並製造酵素，在砂、粉砂和黏土間把植物需要的養分溶解出來。」

生命最偉大的生物合作於是開始，這是互利共生和共同演化的奇蹟。這樣的合作關係提供植物足夠的養分，讓植物能在沒有水波保護的艱苦新環境生存，長出更複雜的生物量，讓綠意在陸地蔓延。而微生物則從植物得到寶貴的碳基糖、蛋白質和碳水化合物（名符其實的生命萬靈丹，最早的超級食物），為終將演化出來的動物鋪路。

或許植物一開始就滲漏出碳基糖，而細菌嗅到盛宴，把生意遷到附近開張。也可能是植物為了吸引微生物而滲漏碳基糖，因為這並不是單向的交換，不是微生物單方面從辛勤工作的植物那邊吸取養分卻沒有回報。植物和土壤微生物在幾千年中發展出複雜的交易網路，植物把高達四十%的碳基糖導向根部，微生物則像披薩外送員一樣把各種礦物質送到門口。植物需要這些礦物質來建構生物量，製造生理活動所需的酵素，吃植物的生物則需要這些礦物質來建造健康的身體。澳洲生態學家瓊斯稱這種共生為「最早的碳交易方案」。

之後演化出的菌根使得合作關係變得更複雜、更互惠（菌根的英文 mycorrhizae 來自希臘文，myco 是「真菌」之意，rhizae 是「根」之意，俗名叫菌根菌）。在那時，最複雜的植物是多產的草本（會長出穗的那類），不過這些草本的能量資源不足以讓自己繼續向前邁進。菌根的真菌一開始可能寄生在根部，用細小如線的菌絲穿透植物的根，吸出細胞質。這些真菌「發現」（描述時很難不加上意圖！）與其害寄主植物死亡或虛弱，不如把養分儲存在根的內部，再取得碳滲出物作為報酬。由於菌根菌的菌絲分布得又遠又廣，可以用養分連結整個植物群落，因此植物被刺穿之後不止活了下來，而且長得更茂盛。植物有了這種真菌根系，就能把更多能量用在生殖，並朝陽光伸展，於是出現了灌木和喬木。

我們從大約四億年前泥盆紀早期的化石上可以看到保存下來的植物根部包覆著古

老的菌絲。而菌根菌和植物交換養分的方式，和今日完全相同。科學家估計，地球上約有八十%的植物根部和這些隱藏的夥伴交纏在一起。

不過地下的生命遠比那樣的狀況要複雜得多，而且遠比我想像的複雜。我一直以為植物是靠根部吸收養分，不需要微小的盟友。如果之前有人跟我說真菌刺穿了我心愛的蜂香薄荷或萱草的根部，我一定覺得那是個問題。人們是在多久之前，知道我們腳下有這些複雜的關係和交易系統在運作呢？

說真的，沒有多久。

十七世紀的雷文霍克很早就看到並描述細菌。他完全不是受過訓練的科學家，而是荷蘭布商，不過曾任測量師、酒類收稅官，也是臺夫特市的市政官員。他和有趣的人交往，是畫家維梅爾的託管人。他的頭腦十分活躍，有擺弄機器的天分。當時有一本暢銷書展示了鳥類翼羽、昆蟲和其他自然物在複合顯微鏡下的影像（複合顯微鏡是使用一個以上透鏡的顯微鏡），他受到啟發，決定試著做自己的顯微鏡。他最後做了超過五百座簡易顯微鏡，其中有些的放大倍率超過二百（同時代的複合顯微鏡放大倍率為二十或三十，相較之下二百倍的放大倍率十分驚人）。他也最早看到微生物那個看不見的世界。他什麼都看！看湖裡的東西、看血滴、看他自己的糞便採樣、看自己和兩個從不清潔牙齒的老人的牙垢。他觀察這種「像奶蛋糊一樣濃稠的白色物質」，有以下發現：

「那時我在上述物質中幾乎都會驚奇地看到許多非常小又活躍的微動物，可愛地動著。最大的那種……動作強壯而迅速，像白斑狗魚一樣迅速穿過水中（或唾液中）……第二種……時常像陀螺一樣打轉……數量遠遠多過最大的那種。」他在一個骯髒老人的牙垢裡看見「多到不可思議的活躍微動物，我從來沒看過微動物游動得這麼敏捷。最大的那種……把身體弓起來前進……此外，另一種微動物數量驚人，多到水……似乎都活了起來」。

之後許多年，這些觀察並沒有讓人了解細菌或其他微生物扮演的角色。人們大多認為他們在土壤中看到的古怪生物對植物有害。不過十九世紀末，科學家開始觀察得更仔細一些。事情源於有群德國林務官一心想種松露，說服了德國植物學家法蘭克研究樹林，幫他們想出怎麼繁殖這種珍饈。法蘭克挖起森林土壤，在樹木的根部旁發現真菌菌絲的絲質繭狀物，其中一些菌絲的體積只有植物根部的六十分之一。雖然人類毫不知情，但這些菌絲會將健康的土壤綁在一起（一立方公尺中的菌絲可能長達一萬九千公里）。法蘭克觀察到，從糾纏的菌絲中長出的樹木很健康，他開始懷疑真菌不是在攻擊植物，而是在幫助植物。他做了實驗，把植物種子種在森林土壤裡，而其中有些土壤經過消毒。相較於富含真菌和其他微生物的天然森林土壤，種子在消毒過的土壤裡長得比較差。

法蘭克的結論雖然沒有被普遍接受，但其他研究者繼續研究世界各地的土壤，想知道菌根菌散布得多麼廣泛。他們發現菌根菌從熱帶到高山地區無所不在，唯獨人類擾動過的土壤裡沒有，例如礦場或其他失去表土的地區。

科學家繼續描述、定義土壤微生物，但沒人花太多時間研究為什麼土壤裡有微生物。這些東西肉眼看不見，無法引起大部分人足夠的興致，科學家可能很難找到研究的贊助者。這種研究也很難進行。科學通常是從系統裡取出一部分來做研究，不過土壤中的微生物屬於複雜的系統，其實無法抽出來單獨了解。大約九十九%的土壤微生物都無法在實驗室中培養研究，或許是因為這些微生物需要有原地的關係才能生存。

要等到一九八〇年代，我們才開始了解微生物的地下世界。那時生物學家柯曼大力推動他在科羅拉多州大學的自然資源生態學實驗室開始展開研究。他僱用了微生物學家英格漢做博士後研究，而她開始研究數據。實驗室每週開會一整天，英格漢和實驗室的其他成員興奮地拼湊土壤生物的複雜角色和關係——不只是細菌和真菌，還包括在我們腳下忙碌工作的所有生物。

英格漢說：「從來沒人問這些生物為什麼會一起出現在那裡。」她一臉堅毅但友善，在我的想像中，一九三〇年代塵暴乾旱中直挺挺承受黑色暴風的少數人就有這樣的長相。她談論土壤生物時，有著近乎無盡的熱情。她問道：「為什麼土裡有原生動物？有什麼效用？我們知道原生動物會吃細菌，但吃細菌有什麼了不起的用處？對植物有哪方面的幫助，形態上還是形狀上？」

實驗室最後發現，需要一個村落才能養好一株植物。從百子蓮到杜鵑花，秋海棠到醉魚草，老鸛草到波斯菊，整個植物國度之中，只要盯著一株健康的植物，你看到的就是地面下有座村莊正在根的周圍勤奮地生產，確保植物得到所需的一切。

真是迷人的世界！我從英格漢和其他人那裡知道愈來愈多我們自己黑暗的那一面，而我正站在那一切活動的上方，不由得感到暈眩。我小時候喜歡仰躺著把腳蹺在牆上，想像我人在上下顛倒的世界，在天花板走動，踏過門口，進入另一個房間。認識土壤裡的生命也一樣，世界從此天翻地覆了。大多數人覺得所有的活動都發生在地上、空中或水裡，而地面下方的泥土既沒動靜也沒有生命——植物的根當然是例外。不過下面其實生氣勃勃。植物的根可以鑽到六十公尺深的地方。即使是我們種在公園和草坪上的某些草，在健康的狀態下，根部也能深入四．五公尺處，而每一公釐的根都鬧哄哄地聚著忙碌的微生物。深達十六公里的地方也能找到微生物的蹤影，這些生物會開心地吃掉石油，石油公司必須小心不讓這些生物汙染深處的石油礦穴。

英格漢將土壤微生物分成五大類：真菌、細菌、原生動物這種可動的單細胞生物、線蟲這種細小的蠕蟲，以及小型節肢動物（甲殼綱及昆蟲的親戚）。這些微生物和肉眼可見的土壤居民（蚯蚓、甲蟲、田鼠之類的動物）組成英格漢口中的土壤食物網。土壤食物網比食物鏈更複雜，也沒那麼脆弱，而這些地下世界的居民就像我們地上世界的居民一樣，以無數的方式互相連結、彼此依賴。

真菌和細菌離植物根部最近，就像豬隻排排站在食槽前面，等著得到自己的碳基糖。這兩者在根附近聚集得太緊密，因此在根部形成幾乎無法穿透的屏障，阻擋了在附近埋伏、試圖攻擊根部的土壤病原體。這屏障不只是被動的阻擋，真菌甚至能拋出繩索似的菌絲，包圍、勒死闖入者（例如以根部為食的線蟲）。植物可是真菌和細菌的衣食父母，保護好植物，對它們大有好處。

同樣的，由於真菌和細菌帶給植物的營養是植物無法用其他方式得到的，因此把真菌和細菌留在附近，餵飽它們，讓它們變多，對植物也大有好處。真菌和細菌都會分泌酵素，把黏土、粉砂、砂，以及岩石與岩床上的礦物質釋放出來。慣行農法會為作物施加磷這種礦物質，但除了磷之外，微生物、植物和食用植物的生物都需要極為多樣的養分才能生生不息。英格漢說，她讀小學時，學生學習的必需養分清單列出了三種營養素，她上高中時，這數目已經增加到十二種，她在研究所時是十八種，之後增加到三十二種。她說：「這份清單會持續增加，直到我們將週期表上所有的元素都列上去。所有元素都很重要。地球上有釔是有原因的！我們需要的不多，不過我們很可能需要其中的一些。」

真菌把這些礦物質（可能甚至包括釔）儲存在植物根部的細胞壁之內，不過細菌搜尋、攝取的礦物質需要食物網的其他成員參與，才能讓植物利用。植物對於這些礦物質的形態非常挑剔，即使把鈷或硫（都在必需營養素的長串清單上）的細小碎片放到植物根的附近，也是徒勞。這些養分必須經過生物作用，植物才能利用。礦物質被細菌吞食，細菌進而被植物根部附近的原生動物、線蟲或小型節肢動物吞食，之後這些較大的獵食者在植物的根部附近排泄，**這時**礦物質才會變成植物可以利用的化學形態。到那時候，植物才能靠著簡單的擴散作用吸收養分。

植物所需的無機物都從土壤中獲得，只需要微生物的介入（完全不需要人類）。

但有兩個例外，這兩種極為重要的養分來自空氣。植物完全靠自己從空氣中獲取碳。氮是空氣中另一種必需養分（我們的大氣中有七十八％的氮），不過植物無法靠自己從空氣中取得氮。這時植物又需要微生物夥伴幫忙了。紫花苜蓿、苜蓿、羽扇豆、豌豆、豆類和洋槐這些豆科植物會吸引某類細菌，這類細菌能把大氣中的氮轉化成植物能吸收的形態。豆科植物死亡、分解時，儲存的氮會散布到土壤中，當地的整個植物群落都能利用。

所以地下有不少披薩小弟。許多外送員會送來泰式食物或墨西哥式的玉米粽（就像我現在住的奧勒岡州波特蘭市的社區，有對夫婦把這些食物放在車子後座的保冷箱中販售）。這景象有點讓我想起《波吉與貝絲》這齣歌劇的一個場景：街上販賣草莓、蜂蜜和螃蟹的小販阻塞了街道。還有另一種類比：植物有點像一九五〇年代的家庭主婦在等待清潔用具的推銷員，不過並不是被動等待，而是會召喚特定的細菌搬來自己所需的無機質貨物。英格漢用的類比是，植物用自己的碳基糖準備了各式各樣的糕點，吸引帶著正確養分的細菌。植物可以改變或增加輸出的碳基糖，向需要的微生物夥伴招手。

不同的植物需要不同的微生物夥伴，差別可以非常大（甚至還有地區差異，只要想想非洲和美國大型貓科動物的差別就知道了）。菌根菌和許多植物合作，而且菌絲能延伸二百二十九公尺，同時連結不同株植物，在一整個植物群落之中分享自己的礦物質商品。不過細菌比較專一。有些細菌演化成只吃特定的碳基糖，只會聚集在少數幾種植物周圍。這些細菌雖然不像匍匐美女櫻蛾那麼挑食（非匍匐美女櫻不吃，只要那種植物短缺，這種蛾就瀕臨絕種），不過在地下的生態系確實也扮演比較專一的角色，決定了某幾種植物的健康。劣化的棲地很難復育，原因就在此。我們或許能更換長在那裡的植物，或至少換掉其中的一些（自然狀態下的植物多樣性很可能比我們所知的更豐富）。不過在劣化的土壤裡，植物的微生物夥伴已經滅絕，這樣植物還能生長嗎？不大可能。

土壤細菌對某些狀態也很挑剔，這些狀態取決於溫度、溼度等等因子。雖然植物的根部周圍可能聚集著數十億的細菌，但這些細菌並非同時活動。溫度升高，或乾旱、洪水時，某些細菌的數量會減少，由其他細菌加速遞補。

就這樣，土壤微生物提供食物給植物，也保護植物不受掠食者攻擊。土壤微生物的第三個關鍵角色是在土壤中形成細小的結構（團塊），控制地下的水和空氣流動。細菌抓住一小塊黏土、粉砂或砂，用富含碳的黏膠（原料是植物的醣類）把自己黏上去，形成極小的團塊。細菌之所以這麼做，原先是要避免被土壤中移動的水分給帶走，就像我們牙齒周圍的細菌會產生黏膠，也就是菌膜和牙菌斑，把自己黏在原地。細菌把更多微粒黏在自己身上（可能是另一塊粉砂，也可能是一小塊腐爛的植物組織），形成細小的結構，既能保護自己不被其他生物吃掉，也替空氣和水製造了空間。細菌和我們有許多共同的需求，需要吸入氧氣、吐出二氧化碳。如果土壤裡沒有這幾十億形狀難看的團塊去創造空隙，細菌就會窒息而死。

接著真菌上場，收集一些細菌團塊，製造出自己的扭曲團塊，將繁殖部位藏進去，以免被小型節肢動物吃掉。健康的土壤裡有數十億這樣的團塊互相堆疊，各自產生空間，讓空氣和水緩緩通過。團塊形成的空間容納了水分，土壤中所有的生物都能取用。腳踩泥土的時候，別覺得自己是站在堅硬無生命的物質上，想像一下你是站在活生生的珊瑚礁那樣多孔、充滿生機的東西上。

從前我在克里夫蘭的後院挖掘時，鏟子常常鏟進黏土裡，卡住，因為我的力道衝擊而晃動。我曾經挖起黏土，幾乎就是你在陶藝課捶打、揉捏的那種黏土。那就是土壤缺乏微生物團塊的例子。以顯微的尺度來看，黏土顆粒的形狀是棒狀。沒有微生物去擾亂這種棒狀，去把顆粒黏合成三度空間的雪花，黏土顆粒就會緊密相壓，形成鏟子、空氣和水都無法穿透的屏障。所以黏土是理想的防水材料，可以用於各種地方，從陶器到房屋都可以。全球有高達半數的人還住在黏土蓋的房屋裡。

還有另一個類比，那就是把類似的礦物質顆粒（例如黏土和粉砂）想像成紙張。平放時，會形成又密又沉的一疊，但如果把每張紙揉成一團，同樣數量的紙張就會占據更大的空間，而且更通氣。

含砂量大的土壤則是另一個問題。砂的大顆粒不會阻礙水分流動，但顆粒之間的空隙太多，也沒辦法留住水分。這時微生物和真菌的團塊就會變成土壤裡的微小水壩，留存珍貴的水分。若地表沒有水坑，也沒有水分的明顯跡象，我們通常會覺得地是乾的。我們會說那是乾燥的土地！然而地表之下是個水世界。微生物在土壤團塊之間和團塊內的水膜上移動。雖然這些生物在無數個百萬年前已經離開大海，卻仍然在微小的水道上滑行穿過土壤。

事實上，富含微生物、團塊密布的健康土壤就像海綿一樣留住水分，緩慢地釋出水分給植物，也釋出水分給河流和小溪。健康的土壤在乾旱時最能保護作物，也是各地抵禦洪水的最佳武器。土壤也是地球最早的淨水系統——微生物會攻擊並清除水中的汙染物，最後讓純淨的水流進溪流或地下蓄水層。

人們讚揚健康土壤的價值，將這些益處（乾旱時的保護、防止洪水、淨化水質）視為生態系的功能，講得好像種植健康的食物這件事還不夠重要！近年來隨著人們對全球暖化的恐懼加深，他們又加上另一個生態系功能：碳隔離。

我們總以為「溫室效應」是現代的難題，不過幾世紀以來，科學家一直無法解開是哪些因素控制了地球的溫度。十九世紀初，法國科學家傅利葉寫道，地球的溫度「理應比在極地觀察到的更低一點」，因為我們從太陽得到的熱能應該會散逸到太空中。他根據自己的研究，指出我們的大氣就像隔熱毯，能替我們保暖。那個世紀稍晚，廷得耳在英國皇家科學院進行了實驗，顯示數種大氣氣體（包括水蒸氣和二氧化碳這兩種現在已知最重要的溫室氣體）可以吸收、散發輻射熱，控制地球的溫度。一八九六年，瑞典科學家阿瑞尼斯發表論文，說明大氣中二氧化碳濃度的改變或許能解釋地球冰河期和溫暖期的循環，他並寫道，人類燃燒煤，或許會影響二氧化碳的濃度。一九三八年，英國工程師卡蘭達以這個觀念為基礎，指出燃燒化石燃料、二氧化碳濃度上升和全球溫度上升之間的關聯。

燃燒化石燃料雖然會讓更多二氧化碳飄散到大氣裡，但過去大部分的科學家認為海洋會吸收過剩的二氧化碳。然而一九五九年，瑞典科學家波林和艾瑞克森發表論文，顯示二氧化碳雖然被海洋上層吸收了，但大部分卻會在安全沉入深水之前飄回大氣中。一九五八年，美國氣象局的科學研究部部長韋克斯勒取得經費，開始在夏威夷冒納羅亞觀測站這座永久觀測站觀察二氧化碳，並指派年輕的化學研究員基林負責。基林找出測量大氣中二氧化碳濃度的準確方法，判斷二氧化碳濃度是三百一十ppm。二〇〇五年他過世時，數值已經升到三百八十ppm。到了二〇一三年，數字是四百ppm。

即使奇蹟出現，我們立刻停止使用化石燃料（我們到目前為止一直缺乏勇氣和遠見，無法達成有意義的進展），這層二氧化碳仍然會籠罩在我們頭上。這稱為遺留量，雖然終究會消散，不過得花上數千年，來不及挽回地球的迅速暖化。幾位科學家和企業家研究出從天上除去這遺留量的辦法，然而（至少到目前為止）他們的主意不是有著嚇人的限制條款，就是昂貴到永遠無法取得經費。

不過，我們就活在龐大的生物機器裡，而這機器就可以處理二氧化碳的遺留量。少了這個機器，構成這個世界上的一切都不會存在。我們數千年來在不經意間阻礙了這個機器的運作（下一章會有更詳細的解釋），不過在我們眼耳所不能及的地方，這機器一直在運轉，移走空氣中的二氧化碳，將之轉化成珍貴的資源。而且這機器做這些事還完全**免費**。

真菌和細菌吃掉植物根部內或附近的碳基糖之後，碳不會就這麼消失。被吃下的碳成為真菌和細菌身體的一部分。真菌菌絲帶著這些碳鑽過土裡，彷彿菌絲是鐵路軌道。真菌死亡時，廣布的碳網絡留在土壤裡，讓其他生物啃食。其他微生物吃下真菌和細菌時，也把碳納入自己體內。真菌和細菌也分泌碳基糖排泄物，因此就連消化作用也會讓儲存的碳散布到土中，直到被更小的生物吃掉。碳持續在土壤食物網中循環，每次被吃、被排泄，就變成更濃縮的形態。土壤生物靠著分解的過程，持續產生更長、更複雜的碳鏈。就這樣，植物用陽光製造出簡單糖漿，這糖漿裡的碳基糖最後被納入或許有另外一萬個碳原子的長鏈，碳另外又和氫、氧及其他養分鍵結。碳鏈愈變愈長，土壤的顏色也因為這些碳而愈變愈深。

這些碳鏈有名字嗎？就叫「有機物」。「有機」這個詞由於被行銷人員拿去用在一切事物上，從桃子到冷凍披薩到化妝品，無所不在，所以變得很模糊。數百年來，土壤化學家用「有機物」這個詞來指稱擁有碳鏈的化合物，這些化合物都含有植物用陽光製造的能量。一九四〇年代，羅岱爾（羅岱爾研究中心的創辦人）用「有機」來稱呼他為了改善健康而吃的營養食物，這個詞才變成健康、天然食物的同義詞。羅岱爾深信，要生產優質的食物，農業就必須和自然合作去製造這些富含碳的土壤。

隨著土壤生物一一吃進碳基糖然後排出，碳鏈也變得愈來愈頑強，也就是愈來愈難進一步分解。這個過程最後產生了所謂的腐植酸，成分只有碳、氫和一點氧，能吃的東西幾乎都絲毫不剩了，這些碳因此可以被鎖在土壤中好幾世紀。不過當土壤科學家談到土壤有機質或腐植質的時候，他們指的不只是腐植酸，也不是園藝中心賣的那種一包包的東西。美國農業部北達柯塔州「北部大平原研究實驗室」的土壤微生物學家尼可斯說：「土壤有機物不止一種東西，而是幾千到幾百萬種。既是單糖，是細菌細胞，也是細菌、真菌和其他生物製造的廢棄產物。我們稱為『腐植質』的，其實是一系列種類廣泛的分子。」

土壤中的微生物和我們一樣會呼吸，也會吐出二氧化碳。所有進入土壤的碳（來自碳基糖和植物碎片，以及所有分解這些東西的微生物），只有一小部分以腐植酸的狀態半永久地固定在土壤中。尼可斯指出，這比率僅僅只有百分之一到十。不過，腐植酸會在土裡留存數十年或數世紀（甚至數千年），不會在幾個月內循環回大氣。

我們回頭看看拉爾的構想，他認為用這種方式把碳固定在土壤裡可以扭轉全球暖化。但如果土壤永久固定碳的比率只有一到十％，那麼我們不是得把極大量的碳放進土裡，才足以影響大氣中溫室氣體的遺留量？

過去一萬年來，人類對大地做的，就只有奪走土壤裡的碳、減緩把碳加進土壤的過程，拉爾的構想怎麼可能實現？

第三章

牛隻上場

Send in the Cows

有頭牛頂著宛如無弦大弓的牛角，將尖突的一端朝一隻黑面山羊揮舞，山羊剛剛衝到她面前咬了一口草。牛彷彿怒氣沖沖，灰色的大頭晃向東，揚頭走離畜群，引得一排母牛跟到她身後。

索卡迅速中斷我們的談話，跑到離群牛的前方。他沒像一般的牧人那樣揮舞棍子、丟石頭，甚至沒叫喊。這支草食動物楔形隊伍（五百隻牛加上七百隻羊和山羊）的管理方式和辛巴威的任何地方都不同，甚至索卡的曾曾曾曾祖父也不會這樣管理畜群。這裡盛行動物之間的禮儀。叫喊和揮舞棍子會給牲畜壓力，這樣牲畜就不太可能興旺，於是索卡只站在任性的牛隻前方，兩手扠腰，厚重的連身服在南非冬日金黃的田野裡是一柱瘦削的綠。母牛在他面前停下，若有所思地咀嚼，深色的眼睛凝視著他，然後漫步走回牛群。

索卡再次跪下，把草往後折。有些草太乾燥，啪喳一聲折斷了。他用頗為豐富的英文字彙說：「我們一次、一次又一次遷移牛群。牠們吃個不停，但不會吃太多。」

我點點頭。

他轉過身，指向他身後一塊光禿的地面，那裡乾燥堅硬，表面平滑得像蒙塵的陶罐。牛漏掉了這塊地方。「水落在這裡，就會咻地流走！」他雙手揮向周圍的莽原，想到水流過地面，臉上露出憂傷的表情。接著他指向畜群之前走過的一區，牛隻在他和其他牧人的敦促下前進。一些草被啃食，其餘的被踏到地上。一堆堆糞肥在莖稈之間熱氣騰騰。草叢之間零星裸露的土地上，獸蹄在土壤裡鑿出小小的半月形凹痕。索卡微微笑了，他說：「這裡的水會不斷深入土裡。土地會復原。」

這方面的事，大部分我已經從理論中知道，但還是很享受他的特別指導，他可是每天都在實際試驗薩弗瑞的土地治療法。那天稍晚，我回到維多利亞瀑布附近的「非洲全方位管理中心」，和我同桌的都是去那裡學習或教導薩弗瑞法的人，我向薩弗瑞本人求教，告訴他索卡試圖教導我的事。

薩弗瑞哈哈笑了。他撥弄短短的白鬍子，說：「我帶辛巴威的水資源部長來這裡，讓他站在莽原的一棵樹下和我們的資深牧人談談，旁邊就是一座水潭。看到這位受良好教育的部長向完全不識字的牧人學習，十分有趣。牧人用自己的語彙告訴他，那池水正是牛蹄子造成的。牧人終究說服了他。如果我們這裡哪天有安定的政治時期，就能開始復育這個國家的河川。」

討論農業和土地利用時，恐怕很難找到像薩弗瑞這麼有爭議、反傳統的人。我第一次見到他時，甚至被他的外表嚇到。他個頭瘦小，而我原以為會看到彪形大漢。我在兩天前才到達中心，在那之前，我在維多利亞瀑布機場沮喪地待了三個小時。另一個名叫克里斯的外國人在當天下午稍後到達，中心搞混了，所以沒人來接我。在美國時，有位旅行經驗老到的朋友曾經警告我，別跟辛巴威的機場官員說我是新聞工作者，「他們可能找妳麻煩」，不過隨著一架架飛機旅客到達，再由導遊帶著離開，我開始懷疑獨裁者穆加比的手下猜到了我的祕密。

最後中心終於有人來了，把我安置到一小棟宿舍中，那是專為訪問學生而建，舒適又陰暗，我真想待在室內補個眠。但這是我生平第一次到非洲，非洲耶！雖然司機告訴我，薩弗瑞接下來幾個小時都沒辦法見我，但我非去探險不可。我戴上草帽，踏上從中心向外延伸的一條泥土路，司機在我後面朝我大喊：「別走太遠！我們在叢林裡，附近到處是動物。」

我停下腳步。「有什麼動物？」

他伸出四隻手指。「除了犀牛之外的五大動物，象、獅子、豹和水牛。」

於是我在中心附近遊蕩了一陣子，欣賞優雅的當地建築。校地中央有兩棟大型的圓形茅頂屋，一棟是餐廳，一棟是教室。牆壁是當地的石頭糊上一種泥土建成，薩弗瑞之後告訴我，那泥土取自莽原裡巨大的圓錐狀蟻巢，白蟻在那種泥土裡混入了自己的唾液。兩棟建築上都高高搭著雅致的茅草屋頂，從附近割來的茅草風化成銀色，底部切成扇形，頂端還有裝飾用的草製小罩蓋。接著我遊蕩得遠了一點，經過另一棟正在建造的圓形茅頂屋，這一座的茅草屋頂還是金黃色。我後來才知道，獅子有時會在建造中的圓形茅頂屋附近出沒，我恐怕遊蕩得太遠了一點。

最後，我在蓋著茅草的陽臺和中心的幾位客人一起坐下來。午後的陽光開始斜照，我們想著要喝點酒。中心的酒冰在餐廳的冰箱裡，自助販賣。這時一對夫婦走向桌旁。我看過薩弗瑞夫婦的書《全方位管理：決策的新架構》，認出女方正是書封上薩弗瑞美麗的妻子巴特菲爾，然後意識到她的男伴想必是薩弗瑞本人。薩弗瑞拄著長枴杖，當下讓我想到穿著卡其衣物的沙漠長老。其他人都把腿蓋得好好的，他卻穿著短褲，褲管下露出棕色的瘦腿和一雙光腳。我穿著運動鞋，在中心附近還覺得乾草尖銳刺人。我問起他的光腳。

「我用腳來解讀大地。」他回答時臉上的笑容帶著頑皮。「我在新墨西哥的時候（他和巴特菲爾每年有一半的時間待在美國），我會光腳在碎石上跑步，免得腳變嫩了。」他告訴我，他晚上爬上床的時候，妻子有時會聽見古怪的搔抓聲，結果通常是刺入他腳上的棘刺勾住了床單。他對腳上有刺毫無感覺。

薩弗瑞一九三六年出生在非洲，那時的非洲在夜裡仍聽得見鼓聲及大型動物推擠過灌木的聲響，他至今念念不忘。當時辛巴威仍然是南羅德西亞，這個英國殖民地以南非政治家兼商人羅德斯為名，白人占人口的多數。不過薩弗瑞年少時對國家的政治不像對野地那麼有興趣。他父母是土木工程師，常常必須開車進入荒野，檢查水壩或其他設施。他的叔叔有座牧場，小薩弗瑞盡可能都待在那裡騎馬、打獵，即使被送去李樹中學這所英國皇家陸軍官校的生源學校寄宿，仍樂此不疲。戰爭令薩弗瑞著迷（他大半個少年時代都在第二次世界大戰中度過），然而他還是很難融入那所學校。他違反規定帶槍枝到學校，盡可能常常溜出去打獵，把他的獵物帶到附近的村落烹煮分享。他告訴我：「我非常叛逆。我把我的彈藥藏在書包中一本挖空的聖經裡。我知道不會有人翻聖經找彈藥。」

薩弗瑞在大學就沒那麼好鬥了，不過他和學術環境的格格不入這時就帶有更多哲學內涵。他主修生物和動物，他的老師一再責備他在植物課提出動物的問題，在動物課提出植物的問題。但就他而言，他其實無法了解要深刻討論植物，怎麼能排除動物對植物的影響？同樣地，植物構成了動物世界的地面、牆壁，時常還有天花板，不了解植物，又怎能了解動物呢？他說：「我沒辦法跟人同時討論動物和植物。學校生活的學科劃分令我非常挫折。」

此外，他也為看到講師的無知而沮喪，而且他會毫無顧忌地提出異議。一位客座講師告訴學生，鱷魚的耳朵後方有垂蓋，也有肌肉組織可以移動垂蓋，但鱷魚從不使用，這時薩弗瑞指出他的寵物鱷魚被他激怒的時候就會翻動垂蓋（他不只在大學養這些鱷魚，甚至進入羅德西亞軍隊後也養著）。聽到科學家提起用野外挖來的植物在實驗室做實驗，薩弗瑞就惱火。他對我說：「植物一被挖起來，離開原來的環境，就不再是原來的植物了。」

薩弗瑞一結束大學的學業，就拋下所有的畢業慶祝活動，回到他珍愛的叢林。他二十歲在目前屬於辛巴威的地方擔任「北羅德西亞野生動物與采采蠅控制部門」的研究生物學家和野生動物保育員。

他說得很急：「我開始明白，我所愛的一切命運已定。」急速沙漠化的災難蔓延到遼闊的莽原，危及他受僱保護的動物棲地，動物的數量逐漸下滑。薩弗瑞和當時及現在的所有人一樣，覺得大地之所以劣化，是因為有太多牛隻也在莽原吃草。他告訴我：「有人跟我說，你可以回頭看古希伯來文的文句，看他們責怪游牧民族的牲畜造成了沙漠。」

確實，古代人並沒有善待自己的環境。我們許多人都有天真的想法，覺得近二百年前地球還沒進入現代工業化時代的時候，人類都和大地和諧相處，留下的足跡不像我們這麼深。然而，研究一再顯示事實並非如此。從前人類造成的累積效應比我們輕，是因為從前人口比較少，不過科學家魯迪曼博士，即《犁、瘟疫和石油：人類如何掌控氣候》一書的作者表示：「以利用的土地單位來計算，他們平均的個人足跡其實遠高於我們。」

前現代（premodern）的人類確實沒開車，也沒挖開山頂採煤發電，但他們燒燬森林開闢牧草地和農地，用破壞力愈來愈強的犁具耙開土壤，種下他們的作物。他們沒鋪地磚，不過由於林地十分充足，他們毀掉一片土地之後，就直接遷徙到下一塊綠地。數千年間全球砍伐森林的總量中，有七十五%發生在一八五〇年之前。

遠遠早在現代之前，會排放碳的人類活動就開始影響氣候了。大氣中的溫室氣體通常會波動，而冰核顯示溫室氣體的自然減少促成了間冰期或冰河期，大約每一萬年發生一次。不過一萬年前人類開始發展農業，也就開始在大氣中加入額外的二氧化碳。考古學資料顯示，大約八千年前，人口爆炸與森林濫伐在歐洲與中國十分猖獗，隨之而來的是大量排放溫室氣體，不只碳從燃燒的森林和劣化的土壤中飄出，溼地、灌溉的稻田和牲畜也釋出甲烷。魯迪曼提出的理論是，早期人類大量增加溫室氣體，那甚至讓我們避開了大約二千年前就應該發生的冰河期。若不是長久以來的人類活動，我們大氣中的二氧化碳濃度應該大約是二百四十五 ppm，而不是二〇一三年達到的四百 ppm。

薩弗瑞說，早期人類對土壤太不留情，結果是人類居住最久的地區出現巨大的沙漠，包括撒哈拉這個大小如中國的北非沙漠，以及沙烏地阿拉伯和葉門的提哈馬沙漠。薩弗瑞常強調在西元前五世紀，希臘歷史學家希羅多德描述的利比亞擁有肥沃的土壤和豐富的泉水，足以餵養利比亞的龐大人口。現在利比亞幾乎都是沙漠了。

人們大多把沙漠化歸咎於牧民和牲畜。薩弗瑞在生涯早期對牛隻沒有好感，還有句常被引用的名言：要扭轉沙漠化，就「讓我們射殺阻礙我們的該死牧人，還有所有天殺的牛吧。」

話說回來，他長時間待在灌木叢裡，在那裡看到的情況有時並不符合憎恨牛隻的信條。牧人已經不在采采蠅肆虐的地方放牧牛隻，於是大象、斑馬和大型貓科動物在這裡遊蕩，不用和牛隻競爭。然而即使是這些蠻荒地帶，土地仍然繼續劣化。野生動物保育員通常在牧場放火，除去老舊的乾草（焦黑的殘株之間的確很快就出現一抹青翠），不過雖然其他科學家認為火能帶回新生的草和野生動物，薩弗瑞卻注意到植物與植物間因此多了更多裸露的土地。他說：「牧人的確在幾千年來一直讓土地劣化，不過一世紀的現代土地經營只讓劣化更嚴重。」

當時和現在的牧場管理觀念認為，只要移走牲畜，讓土地休息，劣化的土壤就能自動復原。不過薩弗瑞一再看到他的莽原並沒有因為休息而復原。舉個例，辛巴威對抗采采蠅疫情的方式，是殺死廣大土地上所有的野生動物，希望端走采采蠅的鮮血大餐，餓死采采蠅。這種措施降低了采采蠅的疫情，但薩弗瑞注意到所有動物都不在的期間，土地並沒有恢復。恰恰相反，土地劣化得更嚴重了。

另一個地區是波札那邊界附近的土利圈野生動物保護區，薩弗瑞和其他野生動物學家目睹動物先是變多，然後因數量過剩引發大饑荒，再劇烈地變少。他們以為會看到土地復原，但那裡的動物雖然減少，土地依然繼續劣化。許多科學家認為罪魁禍首是乾旱，但薩弗瑞在一份研究報告中發現那年雨季的降雨量其實很大。他的結論是，土地劣化一旦嚴重到某個程度，就無法復原——不過，他現在認為這結論完全錯誤。

他一直以為沙漠化的原因是乾旱與牛隻過多，直到他首次造訪歐洲北部，在蘇格蘭觀察曾經嚴重過度放牧但在休養之後復原的土地。即使是年降雨量不高的地方，也能恢復。其實每次有人把我克里夫蘭的後院翻開，想處理造成我車庫淹水的排水問題，我也都有相同的發現：如果我不種些東西，大自然很快就會在裸露的土壤上種出豐富多樣的雜草。

為什麼長期休養之後，歐洲北部和美國東部的土地可以復原，羅德西亞的莽原卻更加劣化？薩弗瑞終於明白，這些環境在他所謂的脆性量表上相差懸殊。脆性量表是指植被是否會定期嚴重乾燥到在你手中碎裂。由於我們整年都有穩定的降水，或降雨，或降雪，因此我在克里夫蘭的後院是落在非脆性量表遙遠的另一頭。我剛從沙加緬度河谷那塊乾旱的土地搬到美國東部時，被那裡的溼度，特別是溼氣嚇到。起初我幾乎有種幽閉恐懼症的感覺，覺得自己被困在蒸氣室裡。

非洲南部跟克里夫蘭及歐洲北部都不同，大部分的地區在雨季過後是漫長的旱季。薩弗瑞推測，年降雨**量**並不是土地休養之後能不能完全靠自己修復的關鍵因素，一年之中的水分**分布**才是。裸露的土地一旦乾涸，就無法修復，甚至還會出現一層堅硬的表面（就像索卡指給我看的那塊陶罐般的裸露土地），這表面並不透水。由於分解是由微生物執行的生物程序，因此這些脆化地區的植被死亡之後不會分解。雨停之後，這些微生物就死去或休眠了。在漫長的旱季裡，死亡植物經歷的化學程序只有氧化或單純的風化，要花很久的時間才能分解。證據在我來到中心的第一天就呈現在我眼前：圓形茅頂屋的茅草屋頂顏色變灰，可以保持堅固、抵禦自然侵害數十年。如果留在莽原，這些乾草就成為堅硬耐久的屏障，不讓陽光照到土壤，結果是雨水再次落下時，陽光無法刺激新生的植物生長。

不過非洲的莽原在久遠之前曾是野生動物的富饒天堂，如果從前就無法從火災、偶爾的動物過剩和其他災難中復原，又是什麼治癒了莽原？薩弗瑞最早對自然的概念（植物、動物和土壤之間有複雜的交互作用，科學卻錯將這種交互作用扯碎了）讓他產生新的想法。他猜測草原是靠某種自然過程來復原，但數千年來的牧民意外破壞了這種過程，草原因而劣化了。

一九六〇年代，羅德西亞爆發內戰，黑人組成各種游擊隊對抗種族歧視的史密斯白人政府，薩弗瑞對莽原的思索也中斷了。羅德西亞陸軍徵召他入伍，還由於他在灌木叢的經驗而指派他負責一支搜索戰鬥小隊，追蹤游擊隊的行動。他曾在灌木叢間仔細觀察大地，尋找有問題的動物或盜獵者，此時他的觀察技能更是大幅提升，畢竟他和同袍的性命都仰賴他解讀大地的能力。他告訴我：「我是以科學家一般不會採用的尺度觀察土地。即使只是遺漏一片草葉，也可能挨槍。我們在打仗，夜裡躺在灌木叢中不能生火，睡不大好，我有一整晚的時間可以思考。」

薩弗瑞當時開始光腳走過灌木叢，不只因為這樣更能感覺到腳下的地面，也因為光腳的游擊隊可以輕易看出靴子印，而他不想洩露小隊的行蹤。他的所有隊員也光腳走路。

搜索游擊隊的過程中，薩弗瑞和他的小隊走過荒野中的草原，草原上動物的行為和數百萬年前沒什麼不同。他們也走過野生動物保護區、農場和牧場。他很快就發現，在最難找到蹤跡的地方，許多群居動物的行為都和人類干預自然之前一樣。在那裡，青草茂盛、生機勃勃。至於動物有人類管理保護、免於掠食者攻擊的地方，不論是有牛隻的牧場，或有大象的野生動物保護區，土地都很貧瘠，草長得稀疏。薩弗瑞發現自然狀態下的動物對脆化的田野有正面的影響。其實**造成**劣化的，似乎是以下兩個因素：把動物移走，或改變動物的古老行為。

莽原從前住著大群的草食動物，有羚羊、水牛、象、斑馬和許多其他動物。這些群居動物的行為有什麼特別？薩弗瑞記起他多年來追蹤許多野象群的觀察：象在草原上放慢腳步吃草時會微微散開，但牠們害怕獅子、鬣狗和其他集體狩獵的掠食者，不會散太開。大象吃草時，糞便和富含氮的尿液會落在地上，餵養植物和土壤中的微生物。成群移動的時候，會緊緊聚在一起（仍是為了不要落單被集體掠食者抓走，這些掠食者不敢接近成群的動物），踐踏路線上的所有植被。薩弗瑞明白，這樣的踐踏其實對土壤有益。草不像其他許多植物那樣會落葉，而動物的踩踏會把活的植物體和枯死的草壓進土壤表面，如此一來，枯死的草就沒機會氧化、風化，也沒機會遮蔽幼苗的陽光。植物的這種「廢棄物」會保護土壤，使土壤不受侵蝕，也能避免土壤裡的水分蒸發，並且餵養土壤生物。動物的蹄子也會攪拌裸土的表面，讓種子和水分進入土壤中，類似園丁挖開土表準備花床的作法。人類馴養動物時，無意間改變了群居動物對草原的影響。這些動物現在有了柵欄和警覺的牧人保護，不會受到掠食者攻擊，也就不再需要緊緊聚在一起不斷移動，而變成待在原地不動，分散在田野上，成為我們今日深深喜愛的田園牧歌風景名信片。薩弗瑞明白，土地之所以劣化，原因是大部分的人不了解植物、動物和土壤之間至關緊要的關連。

薩弗瑞到了美國後，更相信動物造成的影響可以讓大地復原。他造訪一些乾燥的國家公園，那裡已經數十年不讓牛隻進入，野生動物太少，完全稱得上不受動物影響。那裡的土地繼續劣化，嚴重到有些人斷言一開始就注定會劣化。

薩弗瑞並沒有聲稱自己最早注意到大量群居動物和土壤健康的關連——許多國家的民間智慧都相信獸蹄能改良土地。他記起老牧人告訴他：「草原要錘過才甜美。」意思就是用獸蹄踩踏土地。他確定土地需要動物影響才能復原，不過是哪一種影響？

白人開拓者踏上莽原時，莽原仍然富足，水牛、羚羊、斑馬之類的動物數量龐大，遠遠超過後來到達的家畜。薩弗瑞開始納悶，問題或許不是土地上的動物數量，而是動物待在同一片土地上的時間長度。傳統的牧場學還是認為動物的影響是負面的，誰也沒想到要做那麼異端的研究。他試著進行自己的研究，把顏料球砸向大象以便區分象隻，測量大象究竟在一個地區停留多久才會一起邁步離開。結果這就像不可能的任務，他召集不到任何幫手。

然後薩弗瑞聽說南非有位頗有見地的植物學家兼農民艾柯克斯，這人宣稱自己牧牛的方式不但不會毀了土地，土地還很健康，於是薩弗瑞飛去南非見他。艾柯克斯解釋道，如果把牛放到一大片草地，隨便牛在哪裡吃草，牛就會選擇最愛的草，吃得一乾二淨，接著去吃第二愛的草，也吃得一乾二淨，如此這般。當時的傳統觀念是，這樣能讓牛選擇需要的養分，是相當好的作法。然而艾柯克斯知道，牛會過度攝取偏好的草，直到草根死亡，土地光禿，然後土地就毀掉了。他反其道而行，把牛限制在小區域，讓牛均衡吃草，別吃太多，然後把牛遷到另一小塊草地，從頭開始。薩弗瑞與致高昂地察看艾柯克斯的田野，注意到牛把植物踩進土中，注意到牛蹄在土壤表面踩出坑洞，如此一來水就不會流走，而是滲進土裡，也注意到新生的植物就長在舊有植物的根部周圍。他發現或許可以管理家牛，讓家牛複製野生群居動物的有益影響。牛在土地上吃草的時間長度似乎是關鍵因素。

薩弗瑞回到羅德西亞，拿出他擱在書架多年一直忽略的一本書。法國科學家瓦贊的發現在六十年前流傳很廣，不過在非洲、澳洲和美國嚴重受到忽視，而這些國家對國際的牧場管理學有舉足輕重的影響。薩弗瑞覺得來自富饒法國的見解跟乾燥的非洲莽原想必沒什麼關係，對這個人的研究從來沒有多大的興趣。

然而，瓦贊在《草的生產力》一書中解釋了過度放牧並非取決於土地上的動物數目，而是這些動物停留的時間長短。艾柯克斯不讓牛在同一塊牧草地上待太久，以免牛啃光地面上的草，而且會等草復原之後才讓牛回到那塊牧草地。如此一來，不只能避免土地變成沙漠，甚至能改善草和土壤。牛或其他食草動物咬掉、扯下青草後，青草會努力把葉子長回來。植物會從根部和根毛把碳基糖輸送上來，使一些草死亡，然後把碳網絡留在土裡分解。當草重新長出莖和葉時，碳基糖的產量再度增加，並將一些碳基糖向下傳回根系，供應根系的新生。薩弗瑞解釋道：「放牧，然後讓植物復原，植物就會把碳和水分送進土壤。但樹木不會這麼做，所以草原對碳循環才會那麼重要。」

艾柯克斯幾乎讓他的牛複製了古代獸群的吃草模式。這些群居動物為了避免被掠食者捕食，會緊緊聚在一起，也因此會迅速在一小塊地方上覆滿糞尿（面積和艾柯克斯的一塊牧草地差不多）。動物不會想吃自己的排泄物，於是繼續緩慢前進，不會過度啃食。獸群到達新土地時，吃的是營養均衡的大餐。牠們吃掉一些植物，留下一些，同時也在土地上留下蹄印、糞便和富含氮的尿液，因此土地狀態大致良好。等糞便分解，這群動物也動身回到那塊土地時，土地已經再生。這樣的行為年復一年，產生了富含碳的土壤，土壤中充滿團塊，能讓雨水快速穿透，留在土中，甚至撐過旱季。薩弗瑞稱之為「有效降雨」，意思是雨水會深深滲進土壤中，在很長一段時間滋養各式各樣的生物。雨水不會形成逕流、侵蝕土壤。在劣化的田野上，土地無法吸收水分，洪水可能隨著豪雨而來，下一週卻只有乾透的土壤和乾旱。薩弗瑞主張，如果沒有有效降雨，總降雨量其實沒什麼意義。

一九六〇年代中期，薩弗瑞改投別的政治陣營。他不再追蹤黑人游擊隊，而是進入議會，代表白人去對抗歧視黑人的史密斯政府。他對政治的興趣最早源於一個堅定的信念：環保人士必須涉入政治。他無法把發生在土地上的事和居住在土地上的人分開，就像他不相信植物學和動物學應該分開。薩弗瑞告訴我：「我當時身兼多職。不過無論我扮演什麼樣的角色，我總是關注貧瘠的土地會使野生動物減少，造成貧窮和暴力，然後就是女人孩子受到虐待，政治動盪。在我的想法中，這些一向是同一件事。」

他得到的結論是，專業的牧場經營對土地的弊大於利。北羅德西亞的野生動物部門實施控管燃燒時，他就曾經大力反對。一般認為是野火造就了寬廣多草的莽原，但他主張應該是無數和草共同演化的遷徙動物。他認為，焚燒即使會使成熟的植物再度生長，也會抑制新生植物的數量，使得植被之間的空隙愈來愈大。這種生物量的喪失不論成因是火還是過度放牧，都很難逆轉，而他斷言導致沙漠化的過程就是由此開始。他試著發表這個題材的科學論文，但無法通過同儕審查的階段。他提議讓年輕有為的科學家組成委員會，讓他們在世界各地遊歷幾年，看看其他國家的人是怎麼管理草原。之後他認為要別人去傾聽和他們學到的一切背道而馳的事實在太困難，就辭去他在野生動物部門的工作。他覺得官僚政治及其教條會阻礙創意思維，不再想當受僱於人的科學家。他成為獨立的研究者和顧問，客戶眾多，而他自己也成了牧人。

雖然薩弗瑞致力於破除舊習，有時還受到排擠（可能正是因為這樣），農人和牧人卻向他求助。一天，有對牧人老夫婦出現在他的門前。兩人遵循了所有專家的建議，但看得出自己的土地仍在劣化。雖然薩弗瑞曾有惡名昭彰的發言，在他以為牛和牧人是沙漠化的兇手時說他想射殺該死的牛和牧人，但兩人並沒有因此打消念頭。薩弗瑞對我說：「我告訴兩人，我從前不知道牧人跟我一樣熱愛自己的土地。我說，我會幫你們，前提是你們很清楚我沒有辦法給你們答案。我們得一起合作，看看有什麼發現。」

就算是極度成功的牧人也會向他求教。羅德西亞的保育署每年會頒一個獎給管理得最好的草原，其中一位獲獎者聯絡了薩弗瑞，問道：「我的土地有當局說得那麼好嗎？」薩弗瑞請那人的土地管理者帶他到土地上最好的區域，讓他在那裡待幾個小時。薩弗瑞回憶道：「一片草海在風中搖曳，看起來好美。得獎是實至名歸。」

不過薩弗瑞蹲到地上觀察，就像他在戰爭期間追蹤游擊隊那樣，但這次他是在測量草與草之間裸露的土地。當時其他專家是以土地總體損失的生產量來評估沙漠化，但薩弗瑞的定義比較精細。他把缺乏生物量也納進去，也就是他也算入植株之間的裸土面積。同時他還發現成熟植株的根有一．三公分曝露在空氣中。薩弗瑞說：「根顯然不會長到空氣中。牧人因為植株之間的土壤受到侵蝕而損失了一．三公分的土壤。」

薩弗瑞的判決結果是什麼？原來得獎土地的沙漠化程度已經高達九成。牧人憂心忡忡，委託薩弗瑞幫他改變他土地的管理方式。

多年來，薩弗瑞發展出復育土地的方式，現在稱為全方位計畫性放牧。和其他管理策略不同的地方，是一開始會先要求農人和牧人依據自己最深沉的文化、心靈和物質價值觀，描述他們希望擁有怎樣的生活，並且判斷怎樣處理土地可以支持這樣的生活數千年。（為了避免聽起來過分嚴肅，來中心造訪的全方位管理訓練師讓我看馬賽族戰士進行訓練時的照片，他們除了珠飾之外幾乎一絲不掛，這方式對他們很有意義，對我現在的同鄉，即波特蘭的嬉皮都市永續農民也很有意義。）薩弗瑞最早是在研究史默茲的成果時發現這種全方位的架構（史默茲是南非律師、植物學家與軍人，兩度擔任南非總理）。愛因斯坦之後稱讚史默茲發展出對人類未來相當重要的一大概念（另一大概念是愛因斯坦自己的相對論）。史默茲相信自然是整體按某種模式運作，是個複雜的系統，人類卻誤把自然當成複雜的機器。當我們用機械化的方式和自然互動，覺得我們只需要移除或改變一個齒輪，就能解開一個問題時，就注定了會招來預期外的後果，且後果時常比問題本身更糟糕。

舉個例子，薩弗瑞喜歡強調，人類為了根除有害的雜草，已經花了無數個百萬元在噴藥及剔除上。不過一起跟自然作戰的人，並不了解他們對抗的是田野生物多樣性喪失的病徵。一九九九年，薩弗瑞告訴《牧場雜誌》的記者：「蒙大拿州的領袖花了五千萬元試圖殺死矢車菊。現在矢車菊的數目比以往還多，他們還不如把矢車菊當成州花。」

二〇一二年，薩弗瑞在「南非洲草原學會」的年會中提到，我們對環境的整體特質非常無知，而我們在處理最緊迫的環境問題時，更讓這種無知顯露無遺。他說：「目前的三大議題是生物多樣性喪失、沙漠化和氣候變遷。這三個議題分別由不同的機構處理，甚至在那些機構中，包括大學、環境組織、政治和國際機構等，也會再細分，而且有各別的國際研討會。然而這其實是同一個問題，無法分割。」

薩弗瑞的全方位管理程序考慮到許多變數。決策者在管理一個生態系時（薩弗瑞說這個程序可以用來管理從家庭到小型企業的一切組織），必須檢視人們管理土地的各種傳統工具。薩弗瑞列出三種通常用來經營大面積土地的工具：火、科技（從犁田到噴灑化學藥劑）與休耕（從圍起綠地數十年到作物的輪作）。然而這些方式永遠無法復原脆化的土地，他提議改用放牧和動物影響——謹慎的放牧，讓家畜在田野上移動，代替最初幫忙建造草原的古代動物群。

薩弗瑞和巴特菲爾造訪辛巴威的時候，住在茅草與石頭搭成的屋子裡，成簇的屋子間有個火坑，我在火坑旁漫長的訪問中聽到薩弗瑞的許多故事。薩弗瑞隨身帶著一具雙筒望遠鏡，不時看向穿過灌木叢的動物。猴子回望著我們，一對狒狒大步跑過，睜大眼睛瞪視。先前曾有大象在夜間呼喚，地面覆蓋著象隻從樹上扯下的枝條。薩弗瑞告訴我，他們半夜起來必須提防獅子。一天他在打盹的時候，一隻疣豬跑進他的小屋，用獠牙刺傷他，不過那不是野生動物的攻擊，在那天之前，那隻疣豬一直都是營地的寵物。除非危險的動物長期造成麻煩，否則薩弗瑞不會採取任何措施驅趕。他尊重掠食者的角色。掠食者能讓野生動物群保持野性，如此牠們才會結群遷移，復育土地。平靜的象就跟平靜的牛隻一樣糟。其實薩弗瑞本身是肉食愛好者。我前一次訪問之後，他和我分享他鍾愛的野味：冷凍庫裡的燻象鼻。如果燻象鼻完全解凍了，我或許有可能喜歡，但也可能是我對小母象多吉薇這隻營地新寵物的喜愛主導了我的味蕾。多吉薇的意思是「失而復得」。

薩弗瑞在世界各地有許多演講邀約，但也有很多人到辛巴威拜訪他，科學家、牧牛人、政治家、電影製作人、新聞工作者、環保人士等等。許多人就坐在我當時火坑旁的位子上，周圍有狒狒和其他動物旁觀。我參訪的時候，中心人員還沉浸在薩弗瑞贏得二〇一〇年「巴克明斯特．富樂挑戰獎」的興奮中。這個獎項頒給大型全球問題的解決之道。他們也為有機會得到更大的榮耀而情緒激昂——億萬富翁布蘭森爵士將頒發二千五百萬美元給去除空氣中二氧化碳的最佳計畫，而中心進入了決選。我回到美國後不久，一段英國王子查爾斯表達對薩弗瑞的工作有興趣的影片開始流傳。

薩弗瑞對我說：「我相信這是數千年來第一次真正的突破。如果你有這麼巨大的突破，你當然不會藏私。我的進展建立在我自己和別人的錯誤上。只要放開心胸接納，就能從自己的錯誤中學習。」

我想像著，類似這樣的話，以及薩弗瑞不斷主張傳統牧場科學無用的言論，都將繼續激怒主流科學和學術界的許多人士。有些人比較開放，不過仍然覺得還沒有控制良好的研究能證實薩弗瑞的方式有效。二〇一二年十一月，「西北變革管理組織」邀請薩弗瑞對華盛頓牧牛人協會、華盛頓耕地生產者和西雅圖大眾發表演講。華盛頓州立大學「永續農業與自然資源中心」的主任克魯格幫忙組織這場活動，然後把他對薩弗瑞的想法發表在網路上。他注意到有些評論家的結論是：支持薩弗瑞方式的科學「若不是奇聞軼事，就是因為實驗設計不佳而在統計上缺乏明確結論（他們沒把各別變數獨立出來分析）……雖然我不覺得這些評論一定就明確否定了薩弗瑞全方位管理系統的合理性，但我的確認為評論提出了極為合理的問題：『數據在哪裡』？」

薩弗瑞在網路上回答：「在典範轉移的狀況下，你有理解困難是很自然的……我花了許多年，因為我也嚴重被我簡化主義的大學教育所蒙蔽。」他向克魯格提起一些報告和研究，不過其中只有一篇是克魯格想要找的那一種。

很難用傳統的科學研究來測試薩弗瑞的方法。在這類狀況下，傳統科學必須比較兩塊相同的試驗地，只改變一個變數（例如土地上的水分含量或動物數量），看看幾年後試驗地的一系列標準有什麼差異。但如果把單一變數獨立出來，就是把環境視為機器，而不是複雜的系統，這樣就稱不上全方位管理了。克魯格很喜歡一位作家韋伯（他的研究由美國太空總署贊助），但連韋伯也說，他和他的同事把全方位管理系統拿來跟其他兩種方式比較（全面休耕與嚴格休耕／放牧系統），但他們的系統並不完全忠於薩弗瑞的方法。

韋伯告訴我：「說真的，如果我們做的是全方位計畫性放牧，就必須一邊進行，一邊監控、調整。按照薩弗瑞的方法，你必須監控田野對你的管理有什麼反應，每年決定如何修正你意外造成的任何問題。但是進行科學實驗的時候，不能在實驗開始一年之後改變任何正在進行的事，必須年復一年做相同的事，才能比較不同的作法。如果做了改變，就等於完全放棄科學分析。」

韋伯說，檢驗薩弗瑞的方法有另一個問題，就是用牛復育土地至少需要五年，然而大部分的科學實驗只會得到三年的經費。有些科學家在第一次的經費用完之後，還能得到經費進行另外三年的研究，然而那並非易事。

薩弗瑞的方法還沒獲得多疑的主流科學界認可，但他的觀念已經打動許多牧人，他們參加他的訓練課程，也將自己的土地改為全方位管理。即使不獲主流科學青睞，這些實踐者的數目仍然持續增加。據薩弗瑞和巴特菲爾所知，從事全方位管理的牧人有一萬人，不過當然應該不止這個數目。

除了辛巴威中心，美國也有兩座學習站，世界各地的據點也持續增加，而這些都是為了展示薩弗瑞的方法是如何運作。四十年前，薩弗瑞買下中心的土地，原來的地主是農民，在他二千六百三十公頃的土地上養著一百頭牛（現在中心的面積擴張到三千五百公頃，此外還有一千零一十公頃不屬於中心但由中心管理的土地），離薩弗瑞的家鄉只有四十公里，那裡現在已經是個國家公園了。二〇〇二年，薩弗瑞決定把這片土地變成學習站，於是開始增加牛隻數量。我造訪中心的時候，中心有五百頭牛，除了中心自己的牛，還有中心的牧人所養的牛，以及附近村莊的牛。薩弗瑞計畫在二〇一四年將牛隻數量翻倍，以前維持放牧地健康的動物數量就有這麼龐大。他朝一片高及肩膀的黃草皺眉，告訴我：「現在還不夠，我要這些草都被踏到地上。」

薩弗瑞帶著我和兩位澳洲來的牧羊人沿著泥土路參觀他們的土地，泥土路上車輪印遍布，我們嘎嘎駛進灌木叢的時候，我真怕我會嗑斷牙齒。他不時停下運動休旅車，讓大家下車觀察土地。我們有一次停下來看光禿禿的地面，地表有一層硬殼，用棍子敲起來會發出清脆的聲響。薩弗瑞告訴我們，這片土地從前有五成都像這樣。他停下來讓我們看一片區域，拿出他在處理之前仔細拍下的照片（他稱計畫性放牧為「處理」），要我們比較照片和眼前的情況。我們藉著分枝的樹木或倒木這些固定的地標，發現同一塊土地現在覆滿茂密的黃草了。薩弗瑞說：「以前這裡光禿禿，可以在九十公尺外開槍打中珠雞。牠們無處可躲。現在牠們能躲在大約四、五公尺之外的地方。」

我問他能不能用赤腳感覺到土壤的差異。他點點頭，說：「土地光禿禿時熱得要命，那樣對植物不好。不過穿鞋的人不會意識到土壤有多他媽的熱。」

我們開車穿越幾公里的黃草和黑暗的樹木，荒涼的黃丘在我們周圍隆起。我們經過一片片灰色的灰燼。他的員工把灰燼撒出去，讓鳥兒在灰燼中洗掉羽毛裡的虱子。我們經過一個地方，一九七〇年代，他長途跋涉去找人修理故障的車子，把六歲的女兒留在這裡用一把來福槍保護一些遊客。我們在丁班剛貝河附近經過一間垮掉的小石屋，他曾經讓一些訪客留在這裡看大象洗澡，結果一群獅子爬上屋頂一同圍觀這個奇景。我們視察畜欄，那是巨大的白色塑膠圓形圍欄，牲畜在裡面過夜，每週遷移，讓緊緊聚在一起的動物漸漸影響土地。我們去的時候，畜欄空盪盪的，在野地裡顯得有點奇異，帶著神聖的氣息。一名牧人和幾隻傑克羅素㹴從附近的帳篷裡走出來，夜裡獅子、大象和鬣狗一靠近，㹴犬就會吠叫示警。但自從有一隻㹴犬被吃，另一隻被扁頭腹蛇咬了之後，㹴犬就不再陪著畜群了。越野開了一陣子之後，我們終於遇到那支畜群。牧人每天早上會把畜群從圍欄裡趕出來，到牧場的特定區域放牧三天——整個牧場都按照每年的放牧計畫劃分了區域。

我得一再捏捏自己，說：「非洲耶！」不過那片黃色的田野讓我想起童年北加州家鄉乾燥的冬日風景。在那裡，興奮的理由太多了。我騎了象寶寶多吉薇。我造訪了維多利亞瀑布。我在一個夜裡醒來，聽見外面的鬣狗嚎叫。

不過最令人興奮的一刻，是薩弗瑞帶我們去看一條河。他買下土地時，河還是乾的。在附近村子所有人的記憶中，那條河都是乾的。多年前的衛星影像裡，那條河也是乾的。現在乾燥的冬日風景中有泉水涓涓流進河中，河裡一片泥濘，布滿象的足跡。我們在地面上看到的茂草，是土壤正在進行深度復育的徵兆。土壤中的微生物正在產生團塊，既能吸收水分，也能保住水分。田野現在成為龐大的蓄水池，我想近期應該不會再變回沙漠。

第四章

Letting Nature Do Its Job

讓自然發揮作用

一隊灰撲撲的貨卡和運動休旅車顛簸駛過北達柯塔州的草原，夏日的草、野花與剛硬的植物窸窣摩擦車底。我坐在富勒的運動休旅車上，覺得那聲音聽起來好像我們正乘船航在河流起伏的浪峰上。最後我們停在史莫夫婦的車旁，跳出車子，檸檬香的空氣迎面而來（車子輾過不少檸檬補骨脂這種野花），穿著格紋襯衫的人圍成歪七扭八的一圈。站在中央的是伯利郡「美國農業部自然資源保育署」的保育人士富勒。該郡的郡治在俾斯麥。陽光刺眼，一群人中只有我蠢到沒戴帽子。我蹲到一個高大傢伙的影子裡，小心避開他不斷往一旁吐出的菸草汁。

富勒身材結實，頭髮裡夾雜銀絲，習慣挖苦自貶，稱自己為「老德」。那個七月的早晨，他活像烹飪節目親切的主持人，彎下腰，從史莫的玉米田裡鑿起布朗尼蛋糕大小的土壤，剝開土，在鼻子前揚一揚，像在品味土壤的豐富成分。他把暗色的土塊傳給大家聞嗅欣賞，接著拔起玉米稈甩一甩，甩落根部大部分的土壤。雖然使勁地甩過，糾結的根上仍然厚厚覆著一層黏答答的深色土壤，看起來就像雷鬼頭的髮束。

富勒碰碰根部，問大家：「為什麼土沒有直接掉光？因為土裡的黏著劑把土固定在那裡。此時此刻，就有團塊在形成。」

他拔下較粗的那條根，請人把瓶裝水倒上去，終於洗乾淨之後，他把根切成小塊傳給大家，就像在傳開胃菜。我把一塊根拋進嘴裡，嘗起來像玉米，帶著甜味，又脆又涼。這或許不足為奇。富勒問：「你們嘗得到裡面的糖嗎？那是土壤的滲出物！就是植物用來吸引生物的東西。」

世界各地的人到辛巴威的草原造訪薩弗瑞的全方位放牧模式，美國和附近國家的人則到伯利郡看正在耕作的土地如何培養健康的土壤。那裡有四十位農民和牧人的叛徒（我不大確定怎麼稱呼他們，他們大多不只栽植作物，也養肉用動物），他們在富勒與美國農業部科學家尼可斯的熱情支援下，達成幾乎所有人都覺得不可能的事：不但正在培養富含碳的健康土壤、復育他們的田野，同時還提高產量，增加收益。而且，就像史莫跟我、跟那群農民以及那週從密蘇里州去考察的自然資源保育署職員所說的一樣，他們和家人相處的時間也變長了。

傳統種植由於本身的特性，對環境的衝擊遠比放牧牲畜來得大。犁田會破壞關鍵的菌根菌地下網絡，粉碎土壤團塊。土壤團塊能把水和空氣保留在土壤中，一旦毀掉之後，土壤顆粒就會緊緊擠在一起（這種現象稱為土壤壓實），無論是灌溉水或雨水，土地都無法留住。事實上，有個近期的研究顯示，海平面上升有一半是來自農地的逕流。想要知道迅速乾涸的「奧加拉拉蓄水層」流去了哪裡嗎？不少都進了海裡。

美國的淡水有七成用於農業，不過土壤壓實會使大部分的水無法滲透到土中。耕耘設備每隔一段時間就重新設計，要耕得愈來愈深，才能打破這層壓實土壤，然而這麼做只會產生新一層更深的壓實。

在準備田地以便播種的過程中，傳統農民也會除去所有植被，留塊乾乾淨淨的田給他們種來賣的作物，這作物可能是玉米（占美國一億六千四百萬公頃農田的二十四%）、小麥（十四%）或大豆（十九%）。雜草、其他植物，甚至前一年作物的殘株都會移除。農民為了隔年春天能快速種植，通常在秋天做這件事。這會使土壤長達七個月都光禿禿露出來。這程序的原始目的當然不是餓死土壤微生物，不過由於土裡沒有活的根用滲出物來餵養微生物，附近也沒有死亡的植物體讓微生物吞食，因此確實會造成這種後果。二〇一二年秋天，我從克里夫蘭開車到波特蘭的時候，一路上像這樣光禿的褐色土地就似乎有幾千片。有時我經過的是罪魁禍首——一輛牽引機拖著巨大的圓盤，揚起的灰塵多到很難看見公路，感覺幾乎像在火災的下風處。

即使最尊崇有機農業的農民，也會年復一年這樣毀壞土壤，尤其是那些製造出超市裡大部分有機產品的龐大食品企業。他們一旦使用化學除草劑除去野草，就不能自稱有機，所以他們把野草犁掉。

整地、耕耘農地的作法已經實行了數千年，世上有些最貧瘠的土地和人類群落就是這樣造成的，然而今日的機器讓這件事以更大的尺度、更快的速度發生。隔年春天，農民把種子播到這種劣化的土壤裡，然而土地上所有的自然程序都已遭到破壞，種出作物的希望不大。而且不只是耕耘和整地，劣化的土壤沒有土壤微生物的健康群落可以提供養分，因此需要加入一些東西。有機農民依賴糞肥、堆肥或天然肥料去恢復失去的養分，但大部分傳統的農民多年來也把大量的化學藥劑淋在土地上（我們的食物有九十九%都由這些農民種出來）。他們遇過的專家幾乎都告訴他們，他們必須那樣才能生存。

化學農業看似根深柢固，但其實出現至今僅僅大約五十年。按波倫在《雜食者的兩難》一書的說法，就像許許多多的新發明一樣，「從大氣中取得原子，結合成對生物有用的分子的過程」源自戰爭的急迫需求。製造炸彈需要硝酸鹽，而哈柏這位德國的猶太科學家想出方法，為第一次世界大戰使用的炸彈做出合成硝酸鹽。之後他發明了毒氣，第二次世界大戰德軍就是用這毒氣殺死集中營裡的猶太人，不過那時哈柏已經過世了。說也奇怪，哈柏的研究成果可以用來升級死亡工具，也可以用來製作化學肥料，農業因此從生物程序中「解放」出來，農民即使對自然系統不大了解，也可以種植作物。柯林斯是佛蒙特州的農人與土壤先知，他說：「發展出化學農業以後，就不需要任何技術，甚至不需要知道怎麼當農夫。把那東西丟在那裡，就能得到收成，即使在劣化很嚴重的土地上也一樣。」

像我這樣挑剔的消費者會在超市（甚至可能是農夫市集）尋找有機標示，因為我們直覺認為難聞的化學肥料不可能種出健康的食物。我們覺得自然的方式一定比較理想，但我們其實並不知道原因。然而科學家在土壤世界的新發現證實了這種直覺。大部分的化學肥料混合了氮、鉀和磷，很久以前的農業學家判斷植物生長不能沒有這三種無機物。不過微生物學家英格漢指出，隨著科學的工具改良，科學家在食物中發現愈來愈多對我們的健康很重要的養分。施用化學肥料，無法讓植物接觸到這些養分——肥料根本不含這些養分。其實肥料**不可能**有全套的必需養分，因為植物和土壤微生物的交互作用（大自然是用這種方式提供植物所需的無機物）太複雜，難以複製。

耕耘之後，土壤裡面還是會有土壤微生物，然而一旦施用化學肥料，它們就不大可能為植物提供這些多樣的養分。簡單來說，施用化肥干擾了大自然裡偉大的合作關係。按照這合作關係的條件，植物應該把碳基糖輸送到根部各處給微生物，以換取養分。肥料瓦解了這種一手交錢一手交貨的系統，植物變懶了。

美國農業部的微生物學家尼可斯表示：「添加肥料時，我們是把養分放到植物的根旁，植物不需要送出任何碳就能得到養分，結果是土壤微生物得不到足夠的食物。」

菌根菌少了含碳的伙食，就無法生長，讓自己的碳鏈在土壤裡延伸。菌根菌和其他土壤微生物無法產生黏著劑，把碳固定在土壤裡形成保水的團塊。微生物會休眠，如果情況太惡劣，就會死亡。這時土壤中的生命和土壤結構都破壞殆盡，農民不加化學肥料，就**無法**種出像樣的作物，這樣的情況至少會持續幾年。「然後我們落入一個系統，想要維持或增加收成，就得添加愈來愈多的肥料。施肥不足的時候，就會看到像肥料缺乏的症狀，這是因為少了那些生物的有益活動。」尼可斯如此說。

慣行農法每年使用大約一千四百四十萬公噸的化學肥料，然而肥料的效率極差。化學肥料裡大部分的磷會迅速和土壤裡的無機物結合，然後植物就無法利用了。土壤微生物有酵素可以把磷變成植物可用的形態，但施用化學肥料時，這些微生物常常已經休眠或死亡。氮吸收的相關問題更是嚴重。若沒有健康的土壤生物作用把氮轉化成植物可利用的形態，會有高達五成的氮流失，被雨水或灌溉水沖進地下水或溪流中，這些水域因此富含養分，結果長出藻類，而藻類會吸光水裡的氧氣，產生死亡區。墨西哥灣有個世界級的死亡區，位於密西西比河河口附近，面積大約一百五十四萬公頃，就是肥料流出的結果。二〇一二年的旱災有個好處：沒那麼多富含氮的河水注入海灣，墨西哥灣的死亡區因此縮小。

一般而言，傳統農民對付化學藥劑吸收力差的方法，就是增加施肥。他們為了讓土壤裡有五十公斤的氮，會加進一百公斤。

耕耘和施肥的後續效應令大部分農民不安，然而所有人（從農校的教授到郡推廣部的職員）多年來一直告訴他們，**這樣**才能打造成功的事業。現在化學肥料的價格高漲（製造肥料和施肥都很耗燃料），許多農民和農業相關人士開始尋找更理想的方式。伯利郡的魅力就在此，這些農民恢復和自然更密切合作的方式後，作物長得一樣好，甚至更好（通常更好），而他們不用化學藥劑，還省下數千美元。

我們在史莫夫婦農場的最後一站是一片田，田裡栽植得極為茂密，完全看不到土壤。我們就要上車前往土壤之旅的下一座農場時，一個身穿藍色格紋衫、頭戴迷彩帽的青年舉起手，問咧嘴笑著的史莫：「你們這裡都施什麼？」

「施？」富勒像沒聽懂一樣皺起眉頭。

年輕人中計了，「是啊，施什麼。你們用什麼肥料。」

史莫對他說：「沒有。」

「完全沒有？」

「沒錯。」

年輕人聽進他的回答，然後嘆口氣。「你可以南下密西西比，告訴我爸媽？」

這地區的平均年降雨量只有三百八十公釐，史莫一家是如何不用肥料（而且也不用灌溉）就種出這片叢林般濃密的生物量呢？答案是在俾斯麥市外的布朗農場出現的，時間是將近十五年前，遠比史莫家覺得可能可以揮別傳統農業的時間來得早。布朗和妻子雪莉與兒子保羅耕作二千一百八十五公頃的土地，而自然在那塊土地上和布朗攤了牌。布朗家從此完全改變農作法，而他們的發現就像漣漪一般傳遍那個郡，也傳到更遠的地方。

其實我早在發現富勒的土壤之旅之前，就計畫造訪布朗了。兩年前，我在新墨西哥州參與「奎維拉聯盟」主辦的研討會。奎維拉聯盟這個團體號召改革派的牧人和環境學家，討論理想的農業如何解救雙方都擔心的許多環境問題。研討會的主題是「碳畜牧：藉著食物和管理來培養土壤、對抗氣候變遷」，完全符合我的興趣。但我仍然等到最後一刻才報名，所以沒在舉辦研討會的飯店訂到房間。我不得不住到會場外的汽車旅館，每天早上搭公車往返研討會，卻也因此一連幾個早上都坐到畢譚隔壁。我永遠戒不掉拖延的習慣，或許就是這個原因。當時畢譚是「國家野生動物協會氣候與能源計畫」的農業顧問。國家野生動物協會曾經表示，野生動物最大的威脅是全球氣候變遷。畢譚的工作令人羨慕，他跑遍國內，研究改革派農民的工作，並且篩選出「對未來友善」的農法，寫成報告。我們保持連繫，最後在北達柯塔州見了面，這樣他才能把我介紹給布朗。

我在二〇一二年七月坐上飛機，那是五十年來最乾燥的夏季。飛機繞著俾斯麥機場盤旋時，我好奇地看著宛如剛強哨兵的樹木標示出鄉間的所在，從空中看，就像有人撒下一把牙籤。我和畢譚到達布朗的農場時，我發現那是巨大的防風林，是大蕭條年間發生塵暴後採取的保育措施。塵暴的前幾年，農民變成輕率的「草原破壞者」，用他們能找到的最大型機具毀掉天然大草原，種植小麥大賺一筆。他們絲毫不照顧土壤，只是不斷把土壤耙開，種植愈來愈多的作物。這些糟糕的農法最後碰上了乾旱。沒下雨，卻颳起強風，捲起裸露的泥土，形成劇烈的塵暴，一連數天遮蔽了陽光，人類牲畜都病了。北達柯塔州就受到這場人為的「天」災侵襲。富勒的土壤之旅中，有個從密蘇里州來訪的科學家懷疑田野中散布的巨石是塵暴的風從土壤深處挖出來的，數百萬年前，冰河將那些石頭堆放在那裡。

從年初以來，只下了二百公釐的雨，不過布朗農場充滿綠意。綠得誇張，綠得像某種園藝式的渾沌，沒有那種我們想到農業時會浮現在腦海的整齊幾何圖形。我一開始恐怕很失望，覺得那樣並不好看。一排排整齊的作物呢？黑白相間牛隻點綴的平整綠野呢？我眼前只有未收割的田野長著茂密的植物，大量植物像爆炸頭似地擠成一團，隔著一段距離完全無法辨識（除了偶爾有向日葵明亮的臉龐在那片毛邊上方點著頭）。就連玉米田也是一團糟，一排排玉米之間塞滿活的死的植物。牲畜呢？牲畜是一群母牛和小牛，顏色好多，布朗的土地有二千一百八十五公頃，牛隻卻被圍在一小塊土地上，用可動式電牧欄圈成難看的形狀。唯一乾淨的地方是布朗家附近的院子，布朗的妻子雪莉正駕駛著割草機在院子繞。

這種時候，我發現對象如果是農作，我就必須重新訓練自己的美感。我們在土壤之旅中拜訪的一位農民里克特說得好：「我們開始進行的時候，父親覺得我們瘋了。他希望這地方漂漂亮亮的，是一排排整齊的褐色。不過現在，田看起來愈醜，我們就愈開心。」

布朗是肩膀寬闊的結實男人，有著北方草原拖長的口音和爽快的笑聲，看起來總像望著遠方，思索他的下一個實驗。他不是農業或農學出身，而是在俾斯麥長大的都市男孩。但他喜愛戶外，九年級時上了農場實習的課，從此迷上務農，夏天都在八十公里外的酪農場工作。

雪莉的父親是農夫，他有時會僱布朗清除田裡的石頭。布朗和雪莉在高中時沒有約會。她知道自己不想嫁給農夫，只願意跟布朗這一型的美國未來農人保持朋友關係。不過兩人在俾斯麥州立學院讀完第二年就結婚了。布朗繼續到法戈的北達柯塔州立大學攻讀四年的學位，主修動物學和農業經濟。雖然他對這些科目充滿熱情，教學方式卻令他退縮。某次我和他在他的地下室進行了比較長的訪談，他坐在迷彩躺椅上往後靠，說：「感覺拼圖並沒有拼在一起。農場上的產業各自獨立，我們沒有看到全局。我對這樣的情況感到灰心，不過當時我不明白為什麼。」

布朗和雪莉搬到她父母的農場，幫助農場經營，並在一九九一年買下一部分農場。那時布朗是傳統的農民，而不是改革派的農人。他耕耘，施用肥料，噴灑殺蟲劑、殺草劑、殺真菌劑，在牛隻身上掛上殺牛虻的耳標。

不過到了一九九三年，他覺得耕耘似乎有問題。他解釋道：「我們把土挖起來，再抱怨土太乾，一點也說不通。而且我不是在農場長大，我沒有根深柢固的觀念，並不覺得有必要完全按照爸和爺爺的方式去做。」他和一位採用免耕農法的朋友談了談（當時郡裡這樣的人不多），朋友建議他，如果他考慮選擇不耕耘，就得賣了他的犁，否則的話，他總是會想著回頭去耕耘。

於是布朗賣了他的耕耘設備，買下一輛黃綠相間耀眼的強鹿牌七五〇免耕型條播機。這種機具會在土壤中劃出小小的窄縫，丟一粒種子進去，然後迅速封起開口。他開始用他覺得合理的方式背離農校的作法，例如在牧草地種豆科植物，把氮固定到土壤裡。八十一公頃「馴化」的草長出的秣草量令他失望（他在牧草地播下的是店裡買的草，而不是原生草原的草），他為了提升產量而向外求教。農業推廣教育者的標準建議是加肥料，不過他買不起更多肥料。他請教了富勒，他們決定在十二塊牧草地種植不同的豆科植物，包括紫花苜蓿、西塞紫雲英、鳥足擬三葉草、苜蓿以及其他八種植物，看看哪一種最能提高產量。他說：「我們得到驚人的產量，讓我看到不論是在農地上或牧草地上，草和豆科植物之間都有協同作用。這些牧草地的生產力遠遠高過栽培單一馴化草的牧草地，吸引了好多人來參觀。」

之後，他經歷了跟自然的壯烈對抗與慘敗。一連四年，大部分的作物都毀於天氣異常，不是冰雹、晚霜，就是嚴重乾旱。四年之間，他幾乎沒東西可以帶去市場賣，只好湊和著在全毀的田裡播下夏季作物，以求有東西可以餵牛。一九九七年，他試著栽植玉米，但植物在一場乾旱中枯死。

他沒用牽引機，沒以機械方式清除他的田，而是派他的牛去吃玉米稈。他還在秋天播下覆蓋作物（這些植物是在經濟作物的淡季種植，保護土壤不受風雨侵蝕），希望可以改善土壤的水分。他注意到他的土壤似乎健康了一點，不過說真的，他在乎的只有生存和保住農場。

布朗回憶道：「第四年，我們有八成的作物毀於冰雹。沒有收入的時候，要付錢給銀行實在難如登天。那段時間很艱苦，但發生那樣的事再好不過，要不是那四年，我絕對無法擁有現在的成就。我們被迫改變。」

那時候，布朗沒錢買肥料，他破產了。但他發現他背離了慣行農法，反而大大改善他的土壤，甚至不需要肥料了。於是他繼續尋找其他不用昂貴化學藥劑的耕作法和放牧法。一九九八年，他參加薩弗瑞全方位管理法的課程，學到定牧或全季放牧（指的是把牲畜放出去，在一大片牧草地上遊蕩一整年，大部分牧人都這麼做）會促使牛隻吃偏好的草類，把這些草吃到無法恢復的程度，使得雜草占據牧草地。他開始把牧場改成一百多塊比較小的小牧場，每隔幾天就把牛趕到另一塊小牧場，給草充足的時間再生。

就在那段時間前後，布朗成為伯利郡土壤保育區的主任，跟富勒形成一個破除傳統的團隊，熱切測試聽起來有希望的所有新想法。布朗擴充他的雞尾酒覆蓋作物，另外加入幾個品種。他的健康土壤開始聲名遠播。

然後尼可斯來拜訪他，這位土壤微生物學家當時剛進入美國農業部土壤資源署。她對布朗的土壤印象深刻，也勸他減少化學肥料用量（這時他的農場比較成功，他又開始用肥料了）。他記得她說：「布朗，你得減少施肥，最後完全不用，讓你的土壤生物機能發揮應有的功能。只有這樣，你的系統才能永續。」

布朗投入擴展試驗，測試她的提議。他把一片田分成兩半，一半用肥料，另一半不用。四年之後，沒用肥料的那一半始終表現得比另一半好，他很快就下了決定，就此省掉施肥的開銷和麻煩。他的作物不需要肥料了，顯然是他曾經採用的所有步驟改變了土壤，包括不耕耘、種植覆蓋作物、偶爾讓牛隻闖入吃作物殘株。當時布朗深深迷上土壤健康，富勒和尼可斯則是他熱切的夥伴。

二〇〇六年，布朗和富勒到堪薩斯州參加大草原免耕研討會。一位巴西的作物顧問卡雷格里站上講臺，介紹南美農民如何用「雞尾酒」覆蓋作物培養健康的土壤。農民用覆蓋作物來防止侵蝕和逕流已有數千年，葉片可以接住雨滴，讓雨水緩緩滴到土壤上，防止雨滴打散土壤顆粒，也讓水更有時間滲下去。覆蓋作物雖然有這些好處，但在美國並沒有廣泛使用。其實某個國家野生動物協會的調查顯示，二〇一一年密西西比河流域一億一千二百萬公頃的土地中，最多只有一百七十四萬公頃種植了覆蓋作物。

布朗注意到他開始混種簡單的兩、三種覆蓋作物之後，農地的逕流就大幅減少。然後他對土壤健康有了更多了解，開始懷疑覆蓋作物的效果不只是減少侵蝕和逕流。覆蓋作物確保他的土壤生物整年都有東西吃，而不限於他種植小麥和玉米這些經濟作物的時候。有了這些地下工程師整年建造土壤團塊和有機物質，他的土地變得更像海綿，吸收、保留了水分，讓他的作物即使在乾旱的天氣也很茂盛。

卡雷格里提出的雞尾酒法把覆蓋作物的概念提升到另一個層次。慣行農法最不自然的作法，就是創造了只種植單一植物的廣袤地景，那植物通常是玉米、小麥或大豆。但大自然從來不會有那樣的「單一栽培」。布朗農場附近不到〇・一平方公尺的原生草原，最多可以有一百四十種植物。美國高速公路旁〇・四公頃土地上的植物種類，很可能多過愛荷華州所有耕地的總合。地面上豐富多樣的植物，表示地面下同樣有豐富的微生物群落。不同植物會提供不同的根滲出物，吸引各種微生物，使得土壤整體而言更有韌性。自然總是努力恢復人類破壞的土地，恢復平衡。我們一製造出光禿的土地，自然就會派雜草軍團來占據、覆蓋土壤。我們一建立單一栽培，自然就會派病原菌來削弱甚至殺死那種作物，讓其他物種遞補。

英屬哥倫比亞大學的生物學家克里隆諾摩斯說：「如果長期種植單一作物，等於助長對那種作物情有獨鍾的病原菌。這樣會刺激多樣性。自然不會讓任何物種主宰一個地區，不過病原菌在非常多樣化的農業系統裡找不到寄主。」說來諷刺，作物受到病原菌感染的時候，我們立刻想到作物生病了，但這卻是自然讓田野恢復健康的方式。

布朗和富勒離開大草原免耕研討會，急著試驗卡雷格里的概念。他們去了穀倉，那地方不只收購經濟作物，也販售種子。他們說要買四百五十四公斤的蕪菁種子，令那裡的人困惑不已。他們驚訝地問：「你要**多少**包種子？」不過布朗和富勒最後還是收集到許多種子，夠兩人在保育區土地的試驗地種植，有些是單一栽培，有些是雞尾酒栽培。雞尾酒栽培的土壤健康似乎改善了。二〇〇六年的乾燥夏季出現戲劇性的發展，從五月他們在試驗地播種，到七月底收割秤重的大約七十天裡，那個郡只下了二十五公釐的雨。單一栽培的大部分作物都死了，但雞尾酒覆蓋作物長得異常茂盛。布朗說：「那讓我們明白，把這些作物種在一起有極大的益處。」他自己也開始種植雞尾酒覆蓋作物。

布朗學習曲線的下一個躍升發生在二〇〇八年，那時他在加拿大曼尼托巴省的放牧研討會演講。演講完之後，薩斯喀徹溫省的牧人丹尼斯來找他，說自己實驗過另一種創新的作法，稱為大量放牧。布朗通常在一公頃地上放牧五十五．六公噸的牛（大約九十九隻牛），但丹尼斯放牧的量是驚人的每公頃一千一百一十一公噸。布朗熬夜看丹尼斯電腦裡的照片，直到凌晨三點。隔年六月，他參觀丹尼斯的作業，土壤的健康程度令他意外。

大量放牧的概念是以瓦贊和薩弗瑞的見解為基礎，也就是只要能控制牲畜待在同一塊土地上的時間，即使非常大量的牲畜也對土地有益。丹尼斯仔細監控放牧，給植物恢復的時間，因此發現了草食動物對土地的益處會因為**數量龐大**而倍增：許多蹄子踏破土壤的堅硬表面，許多草踩進土裡，許多草被拉扯啃咬，迫使植物把碳基糖輸送到土裡，還有許多營養的糞尿和獸毛四處散落，讓昆蟲和微生物分解。

這時布朗家有了一套土壤健康作業的三連勝農法：免耕種植結合雞尾酒覆蓋作物，接著是大量放牧。他們目前把將近三百三十八公噸的牛隻放到他們的牧場上，讓牛隻在雞尾酒覆蓋作物的田裡肆虐。他們並非沒有其他創新，布朗說他要求自己和保羅每年要有一次失敗的嘗試，或許更多，而這只是為了確保他們不斷精益求精。例如大部分的牧人都會安排牛隻的育種週期，讓母牛冬末在畜欄裡生產，布朗家卻決定讓牛隻在五月生產，就在戶外的鮮草和陽光下。布朗說：「在戶外，母牛吃的是健康新鮮的食物，而不是秣草或需要燒石油才能送到她面前的東西。而且新生的牛有乾淨的環境，和美洲野牛、羚羊或鹿的環境沒什麼不同。」這項創新並沒有失敗！

農場上現在有了雞還有羊，動物對土地的影響和投入變得更多樣。基本上這是布朗一向期望的：讓農場上有多種產業，如此他們可以用同樣的面積去獲得更多收益，並持續增進土壤健康。布朗初次見到尼可斯的時候，尼可斯告訴他，土表下的畜群和土表上一樣龐大，不過如果他的經營要長期成功，土表下的畜群重要多了。我到曼丹研究中心拜訪尼可斯的時候，她告訴我：「要像思考如何管理健康畜群那樣去思考如何管理土壤裡的生物。這些生物需要養分價值高又穩定的食物來源，需要良好的棲地，需要抵禦疾病和掠食者侵襲。布朗管理他的牛隻時，是把牛隻當作工具，去幫其他生物管理土壤。」

布朗帶訪客四處參觀時，訪客欣賞的是母牛在幾公頃綠地上溫和吃草的模樣，但他思考的是土壤中遠比牛群龐大的畜群，這些畜群持續吞下碳基糖，將之轉化成黑金。

二〇一二年夏天，我拜訪布朗的時候，他已經出名了要在他的演講及科學家與農業顧問來訪之間排場訪談，就像要排進搖滾巨星的時程表一樣困難。他兒子保羅做了件T恤紀念這樣的改變，海軍藍的T恤正面印著布朗的臉和「布朗狂潮！」的白色字樣，背面印著「二〇一二年世界巡迴」，並且列出他演講過的地方。我請布朗拿一件給我看，他謙遜地婉拒了。他的土地每公頃生產一萬一千公升玉米，大於該郡的平均產量每公頃二千三百三十九公斤，而且沒用肥料、殺蟲劑、殺真菌劑，只用了少量的殺草劑。他生產一千公升的成本大約是二十八到三十五美元，而該郡每千公升的平均成本是八十五到九十九美元。玉米和小麥賣到標準商品市場，牛隻賣給草飼牛的專門收購者。他農地的土壤有機物從一．七%升高到五．三%，他覺得遠遠不足，他希望這比率能和牧草地一樣高，也就是七．三%。他兒子保羅決心把這兩個數字都提升到十二%。其他農民依然覺得事業要成功，就要買更多土地，也要擴張事業（多年來的假設都是如此），布朗卻決定縮減。他賺的錢夠多，可以犧牲面積（他中止了二百五十九公頃土地的租約），這樣他才能花更多心力微調他的管理。

我和畢譚到達的時候，布朗正朝天上皺眉。遠方一片向日葵田上方有架銀色的作物噴灑飛機噴出凝結雲狀的殺蟲劑。布朗沮喪得像看到《綠野仙蹤》裡奧茲國的西方邪惡女巫在施法。他說：「看了就不舒服。我可不要那東西飄到我的作物上。」

然後我們爬進他黑色的四門貨車，從房子旁倒車離開，揚起凝結雲般的塵土，他的邊境牧羊犬「手槍」及時跳進後車廂。我們出發去看保羅混種覆蓋作物的二十四公頃農田，他在半塊田播了十九種覆蓋作物，另外半塊播了二十六種。這是他們土壤健康自學課程的另一項試驗。我們開車經過北達柯塔州的鄉間道路，這裡的路名都很怪，南一大道或東南一〇二大道之類的，如此才能幫助消防隊員和警察靠地圖找到遙遠的民家，不過十字路口放眼望去不見任何建築，這樣的路名顯得很怪。我們開過綠色的農田，還有秣草已經收成並捲成金色柱狀的農田。

保羅的田是綠的。向日葵高高揚起拳頭大的花苞，周圍密生著許多高度較矮、參差不齊的植物，向日葵彷彿直挺挺地站著，甚至沒有根。我彎下腰仔細看，發現綠意中懸著小花，有白、有黃、有藍。我瞥見下面的土壤露出粉紅色盤狀的蕪菁和小紅蘿蔔。「我們這裡要種成森林樹冠的結構。像雨林一樣，冠層有上層、中層和下層。我們也要不同的葉型，不同的葉子形狀。葉子替我收集太陽能。不論陽光的角度如何，我們都在收集最大量的能量。」布朗主要是對我說，而不是對畢譚說（這些他都聽過了）。

他伸手碰碰一朵優雅的藍花。那是亞麻，他們種亞麻是因為牛隻不愛吃。其實他們讓牛待在田裡的時間只夠牛吃掉二十五%的植物組織（沒錯，牛會吃蕪菁，但只會輕咬小紅蘿蔔），其餘的會被踩到地上，供應另一種畜群。布朗朝一枝蕎麥伸出手，他和保羅種蕎麥，是因為蕎麥會搜刮土壤中的磷，讓其他植物也可以利用。他指出根深達二・四公尺的植物，以及根淺的植物。他們希望植物填滿土壤上方的空間，也希望根占據下方土壤剖面上的所有區域。布朗說：「這是生物耕耘，是解決土壤壓實的自然辦法。」

他說話時，細腳的灰蜘蛛爬上他的手臂。白蝴蝶群形成的紗幕在他身後飄過田裡。我提到昆蟲真豐富時，他點點頭說：「有一天我們這裡來了一位昆蟲學家，他驚訝極了，就像走進糖果店的孩子。」

對有興趣研究農業自然系統的科學家而言（或不是「噴嘴」的那些人，「噴嘴」

是一些人對慣行農法研究者的稱呼，意思是他們喜歡噴灑化學藥劑），布朗的農場**確實**像糖果店。來訪的昆蟲學家是南達柯塔州布魯金斯市美國農業部農業研究署的朗格，覆蓋作物對昆蟲群落的影響令他驚歎。

朗格在電話中告訴我，「大部分的農民認為一旦看到昆蟲，就得殺掉。但世界上吃我們作物、傷害我們牲畜的害蟲不過才三千種，而益蟲的數量是害蟲的三千倍，大部分我們甚至還沒命名。噴灑藥劑會摧毀大部分的昆蟲群落，包括那些害蟲的天敵。我希望我們管理田地的方式，能讓那些益蟲待在附近。」

而他在布朗田裡看到的就是這樣的情況。布朗其實不確定哪些植物會吸引農業害蟲的掠食者，他只盡量確認他的雞尾酒覆蓋作物會吸引授粉者，並且提供良好的棲地給蜘蛛。他判斷，他只要維持地面上的植物多樣性，就會得到昆蟲的多樣性。雖然研究並未顯示這種方式為何有效（朗格正計畫著要協助了解這一點），但布朗知道他的方法**確實**發揮了作用。他十二年都不曾用殺蟲劑，也沒必要使用。

舉個例，布朗就沒有玉米根蟲的困擾。玉米根蟲是一種甲蟲的幼蟲，會吃玉米的根部，朗格說這是美國排名第一的農業害蟲。美國每年用數十億元的殺蟲劑攻打這種害蟲，但殺蟲劑也會傷害其餘的昆蟲群落，而且壞蟲對毒性產生抗性後還會產生超級害蟲。朗格一直在研究其他昆蟲的胃，想找出證據，證明哪些掠食者的胃裡有玉米根蟲的DNA，至今已經辨識出數十種。他解釋道：「只要我們提供正確的環境給掠食者群落，牠們就會出現。」布朗的田吸引了掠食者，而朗格懷疑還有別的原因。他認為雞尾酒覆蓋作物改變了玉米株的根部結構，玉米根蟲在那裡會被掠食者逮住，因此冒險離開了根系的保護。二〇一三年我和朗格談話時，他已經將一份大型提案交給美國農業部，讓他們研究布朗田中多樣化的植物和昆蟲品種如何聯手打敗玉米根蟲。

布朗的昆蟲族群很活躍，或許就是因為這一點，噴殺草劑的需求日漸減少。昆蟲不只吃植物和其他昆蟲，也以種子為食。農民所種的大部分作物，都是培育成結出大粒種子，對這些吃種子的小型昆蟲沒有吸引力，而雜草的種子很小，繁殖又力，會在一個生長季裡冒出數以千計的種子（許多植物甚至是數百萬）。遇到適當的昆蟲，細小的種子就是美味的大餐。農民為了除掉一種害蟲而殺光整個昆蟲族群，可能無意間讓雜草更容易稱霸農地。

這些多樣化的植物與昆蟲族群對布朗的事業為何有那麼正面的影響？布朗未必一清二楚，他只擁有說服自己和許多人所需的所有軼事型證據，可以證明事實就是如此。不過朗格樂於思考成功背後的科學原因，尤其是根本沒有人想過要研究這些複雜的關係。這是偉大的合作關係，他說：「我真的跟布朗學到東西。我雖然在幫他，但他也推動了我的研究計畫，對我的幫助甚至有過之而無不及。他和一些改革派農民做的事，是農業的未來。」

其實這些改革派農人和牧人的一個特別之處，是他們積極和改革派的科學家合作。農業研究的龐大經費，常來自靠肥料或其他和自然作對的產品賺錢的公司，科學家的研究因此處處受限。靠這些預算生存的大學農學系也可能限制科學家。而改革派的科學家並沒有這種顧忌。布朗也和土壤學家漢尼合作愉快。

漢尼任職於德州坦普爾市美國農業部農業研究署。他生在農家，一直也想成為農夫，但一九八〇年代他大學畢業時買不起土地，於是投入土壤科學，過去十二年來都在耕作他研究站的八十一公頃試驗地。他和都市子弟布朗不同，他的家庭教導他遵行傳統農業的規則。他告訴我：「我一直都在耕耘。直到幾年前，我才想到我正在破壞自然精心設計來移動無機物、養分和水的地下系統。」

漢尼真正的土壤知識來自研究布朗和其他農民。他很快就明白，他本業分析土壤的方式完全不適當，而且早已落伍。目前使用的大部分土壤試驗，是四十到六十年前設計的，反映的是過去的思維，將土壤視為化學物質的混合物，而不是活生生的複雜系統。他決定發展出可以反映這種自然複雜性的土壤試驗。他說：「我是自然的超級支持者。自然花在研究、發展上的時間大約有三十億年，而我試著在實驗室裡模仿自然在外面做的事。」

土壤樣本照慣例都在烘箱裡乾燥，以達到相同的含水量，如此才可以比較。漢尼的一個革新是，他讓乾燥的樣本再次溼潤，然後測量二十四小時之內散失的二氧化碳。樣本乾燥的時候，土壤微生物會休眠。再次溼潤的時候，土壤微生物會醒來，重新工作，再次呼吸。釋放的那股二氧化碳表示微生物群落的活力，以及土壤的總體肥力。漢尼起先試圖發表一篇論文，內容就是這套先乾燥再重新溼潤的方法，但某家期刊的一位評審評論道：「不能這樣。這樣太簡單了。」

漢尼也發展出一種方法，可以更了解土壤的養分。傳統的土壤試驗用很強的化學藥劑萃取樣本裡的無機物，不過漢尼覺得這些化學藥劑會萃取出植物其實無法利用的東西，因此產生錯誤的數據。於是他根據根滲出物的化學性質，研究出自己的水溶性萃取物。他的試驗也會尋找各種養分的所有形態。例如傳統的土壤試驗一般只看無機氮，但他觀察到，即使土地的無機氮含量只達到專家覺得足夠的一半，植物也能茂盛生長。漢尼的試驗使用過去十年才發展完備的科技，也測量其他試驗忽略的有機氮。

漢尼提供給農民的資料，能更準確地描述土壤裡真實發生的狀況，他也建議在雞尾酒覆蓋作物中混種草類和豆科植物，以便充分利用大部分土壤中現存的龐大氮儲藏。如此一來，農民就可以大大減少氮肥的用量，這樣對環境十分有益，也會替農民省下大筆開銷。漢尼說：「這些肥料由於非常便宜，五十年來一直被當成保單來用。現在情況不一樣了，靠少一點肥料撐過去，好處多了不少。」

柏拉圖說過：「需求為創造之母。」（至少維基百科把這句話歸到柏拉圖名下，我非常確定這不是搖滾樂奇葩札帕說的！）而農民與牧人這些日子面臨了一些嚴苛的挑戰。化學肥料的費用攀升絕對是其中之一，另一個是氣候變遷使得天氣模式無法預測。土壤微生物學家尼可斯懷疑，伯利郡的農業學家之所以比較創新，願意改變，是因為他們在極為嚴酷的氣候中工作——生長季短，經常乾旱。不過就像美國其他地方在二〇一二年的乾旱中所發現的，沒人能確定雨該來的時候會有豐沛的雨水。現在的挑戰是培養健康的土壤，以便充分利用每一滴雨。

我們離開保羅的田，輾過一條碎石路，往布朗的一座玉米田開去。然後布朗農場參訪之旅的高潮來了。他隨身帶著一根一．二公尺長的細金屬桿。他告訴我，那是溼度探測器，之前他一直用這桿子來指出保羅田裡不同的植物和昆蟲。這時我們走進玉米田，這座田似乎比任何鄰田都高了三十公分。他把金屬桿推進一小塊裸露的土地裡，然後——然後！——他把整整一．二公尺的桿子推進地裡，一路推到他的指關節也沒入土中。

「真不敢相信！」我想我當時大概驚訝得錄音機都掉了。「再做一次！」於是他走到一兩公尺之外，再次把桿子插進土裡，然後拔出來遞給我。

「妳來試試。」

我的手臂遠遠不像布朗那麼結實。他手臂的肌肉凸起，我卻軟塌塌。我不大覺得自己會成功，但還是接過桿子，推進地裡。我試了幾個位置，每次都深深沒入，直到指節。我從二十五歲起就在後院做園藝，知道這有多神奇。我用一袋袋堆肥呵護我的花床多年，從來不曾獲得那樣的土壤。我在克里夫蘭的草坪連一根叉子都幾乎插不下去！而布朗靠著管理這塊嚴苛的土地，讓土地富含大量微生物，這些微生物形成的團塊甚至深達一．二公尺。一．二公尺深富含碳的土壤，等於疊著幾十億個盛水的迷你杯子。

布朗聳聳肩說：「我不擔心乾旱。」

我們在布朗的另一塊玉米田和一片花田裡試了溼度探測器。他在那片誇張的花田為家人和當地的食物銀行種了七十五種花和蔬菜，那是片營養的叢林，走到哪都會踩到一顆像花束那麼大的蔬菜。溼度探測器唯一插不進去的地方是他鄰居的田，他鄰居是免耕農民，還沒嘗試過雞尾酒覆蓋作物和布朗的其他創新。

如果**所有**農業都按布朗農場的方式進行呢？我們在他的農田四處走了一天之後，坐在穀倉裡談話，看畢譚準備的投影片。畢譚收集了幾個科學研究，內容都是「對未來友善的農法」，數量少得可憐。甚至只需要二、三種覆蓋作物，都能使得進入流域的泥沙逕流降低九十%，肥料逕流則降低五十%，每公頃可以留住二．四七公噸的二氧化碳。畢譚合計他測量到的簡單覆蓋作物與其他有效措施的影響（雖然這些研究沒用其中的任何措施改善土壤健康），推測美國耕地用這些措施能吸收美國溫室氣體排放量的五%。不過他覺得估計值遠遠小於真正的潛力。

他問：「如果你盡可能讓土壤達到最大值呢？土壤能吸收我們溫室氣體排放量的五分之一嗎？有些人覺得我們辦得到，只不過那種科技目前還不存在。」

健康的土壤是如何影響北達柯塔州和美國其他州每年的洪水？洪水每年造成大約八十億美元的損害，州政府花了幾十億元預防洪水，光是北達柯塔州就計畫投入近二十億元在法戈附近建造五十六公里的疏洪道。但如果雨不會流失，而是像在布朗農場上那樣穿透土壤呢？他花十五年培養出這種健康土壤，用來吸收大豪雨（豪雨又是氣候變遷的另一個老生常談）。不過現在布朗不大擔心洪水了。一九九三年，他在一座田做了滲透試驗，結果顯示他的田每小時只能吸收十二·七公釐的雨。二〇一二年的試驗顯示，同一座田現在每小時可以吸收二百公釐的雨。

許多土壤學家都關在實驗室和試驗地裡，但尼可斯的工作迫使她和農民待在一起，努力讓科學滿足他們的需要。此外，她對外面發生的事非常有興趣。她父親是明尼蘇達州的農業官員，她的家族接受農業挑戰的歷史悠久。我去曼丹拜訪她的時候，她笑了一聲，說：「我原來的工作可能是研究真菌。一種真菌在愛爾蘭造成馬鈴薯饑荒，我的家族因此來到這個國家！」

她幫助布朗改變，而布朗也幫助她改變了。她告訴我：「有時候教育可能造成侷限。我們覺得我們只能做到某個程度，但布朗、李希特和其他人讓我看到，我們可以做到更多。他們讓我看到不可思議的事。」

尼可斯在她的同僚之中特立獨行。不是所有人都相信人類可以固定足夠的碳，把碳穩定地儲存在土壤中，影響全球暖化。他們看的是土壤中最頑固的碳，也就是腐植酸，也就是微生物已經吃下、消化過太多次，幾乎沒有活性的土壤碳。要知道，那樣的發展需要數百年，甚至數千年。其他土壤學家中，有些人沒把土壤中形態沒那麼濃縮的許多碳放在眼裡，因為那樣的碳比較容易散逸到大氣中。但尼可斯指出，像布朗這樣的農民加進土壤裡的碳，比從前任何的農民都還要多。而且他們有高密度的覆蓋作物，加入的碳大多來自根滲出物，會較快變成腐植酸。她說，簡而言之，其他科學家並不熟悉伯利郡農民以及美國各地農業先驅的創新。

尼可斯解釋道：「我們用覆蓋作物和牲畜做的一些事，增加的價值遠過於傳統的老辦法。那樣可能恢復大草原原有的碳含量嗎？我個人認為有可能。」

我之所以喜歡伯利郡農民和牧人的故事，還有另一個原因。大部分的人覺得理想的農業很奢侈，是正職為程式設計師那類精品農民的專利。布朗和他的同伴讓我們看到，只要了解自然，和自然合作，農業就會變簡單、變便宜，不會比較難、比較昂貴。

漢尼告訴我：「只要我們不礙事，自然會完成大部分的工作。」布朗所走的，正是阻力最小的道路。他遠遠不像以前那麼常在田裡開重型機具。他幾乎不噴灑任何化學藥劑。他的兩種畜群（牛隻和微生物）替他清理農田，而他不再想要因缺乏環境篩選而在遺傳上被慣壞、不知怎樣當母牛的母牛。

他把牛隻放到積雪的田裡，期望牛隻用鼻子把雪推開，吃埋在雪裡的覆蓋作物。他期望牛隻設法用雪滿足自己的水分需求，這樣他就不用把水拖去給牛喝。如果牛辦不到，他就賣了牛，再投資更健壯的牲畜。

我們的土壤之旅來到李希特的農場時，李希特跟大家說了些故事，提到當年他和兄弟想改變常規時，父母很反對。不過幾年前，他自己也對這些方式不以為然。李希特兄弟是第三代農民。他的祖父在塵暴那幾年買下了農場，他父母在那裡養大十四個孩子，目前還住在那裡。

李希特告訴眾人：「以前我常看到布朗帶著他的土壤色卡，滿口都是水分滲透，我覺得都是鬼扯。」他身材高大，身穿運動T恤，胸膛和手臂顯示他常健身。「我正在耕耘，心裡想著，『水怎麼可能不流下去！』但我對抗的是砂質的土壤，不得不改變。」這時他的手揮向一片田，那片田從前硬到很難把犁插進去，現在他採用免耕，種植覆蓋作物，讓他剛斷奶的小牛在上面吃草。他土壤中的有機物從〇．八％升高到二．六％。而且他正在減少他的殺草劑，肥料的用量減少了十五％。

他和他的兄弟工作得**更少**，現在星期天可以休息了。那真的令他們的父親非常驚訝，他們的父親從前深信農人必須在農場上辛勤、單調、沒完沒了地工作，只要男孩看起來像在偷懶，他就會要男孩抬個鐵砧，走到哪帶到哪。

我在布朗的地下室把這故事轉述給布朗聽，他哈哈大笑，說：「我老是逗我的夥伴李希特，說他動作不夠快。他們得除掉所有的商業肥力。他們得把那些乳牛帶出去放牧。他們要割草，再把草帶去給牛。許多年前，我們也會那麼做，但我們想讓自然自行運作，讓牛去工作。」

他把帽子戴回頭上，說：「李希特得懶惰一點。」

第五章

靠碳賺錢

Cashing In on Carbon

我左手食指上綁著一截紅緞帶，從柏斯機場開了將近兩小時的車到威爾森的房子。每次我要轉彎，或有車子迎面而來，就擺擺左手食指。「靠左邊開、靠左邊開。」我反覆唸著，努力讓自己開在馬路正確的那一側。「要當左派人！」說實在，我不懂為什麼澳州政府允許美國人不用上課就能在當地開車。我為了準備《喀布爾美容學校》那本書而在阿富汗待好幾個星期，那時甚至沒有從柏斯機場的停車場開車出去那麼害怕，就連我開車穿越當地據說親塔利班的地區，也沒那麼驚慌。我想，我的生命遠遠比較可能結束在澳洲一輛迎面而來的卡車的鋁合金車頭上，而不是某個搜索無足輕重的外國人士的塔利班成員手裡。而且我還要擔心可憐的卡車司機。

我終於轉進密梅加拉這條鄉間小路，朝威爾森的農場開去，但恐懼並沒有消散。我離開美國之前，他才在電子郵件的指示裡加上這個附注：「如果有隻袋鼠在妳面前跑過，要直直往前開。別試圖煞車或閃避！」我的車速慢到蝴蝶都能超車，不過幸虧沒有袋鼠從路邊的灌木叢裡跳出來，逼我測試威爾森的指示。他說他之所以那麼寫，是因為我如果試圖煞車或閃避，很可能還是會撞上袋鼠，而且會翻車。我慢吞吞地前進，憂愁地注意到一堆堆毛和發黑的毛皮，那是袋鼠和車子不幸相撞的殘跡。我也忍不住望著路邊撒落的白色粉末，不過沒停車查看那是什麼。某種肥料嗎？灰燼嗎？

我到達威爾森的農場時，才想到那是什麼。我開錯了路，爬上一座小山，沿路都是垂死的松樹。我錯過通往他家的車道。雖然我顯然開在還算路的地方，我的車子卻沉了下去，輪胎艱難地前進。我打開車門，低頭看見那條路只是細白沙坡上長出的薄薄一層草和野花，就像白色骷髏戴的綠色假髮。

我倒車下山，停在威爾森家附近，他的傑克羅素㹴犬發現了我。之後他告訴我：「是啊，我們這裡基本上是位在巨大的沙丘上。古代的水位線在那邊，就在達令崖那裡。」他指向山谷對面長長的綠色稜線，我從柏斯開來的路就在那裡的西邊。

先前我在安排旋風式行程參觀西澳的土壤健康活動時，威爾森和他妻子安表示要接待我。這些活動中有許多人都受到瓊斯的影響，瓊斯曾是研究綿羊的學者，後來對飲食如何影響羊毛品質起了興趣，接著對土壤健康如何影響綿羊的糧草起了興趣。早在一九八一年，瓊斯還是新南威爾斯新英格蘭大學農業與土壤學系的研究員時，就開始跟農民談起他們的土壤，說服許多農人相信成功的關鍵是地下的碳寶藏。她也明確知道如何培養那些碳，她鼓勵農民種植綠色植物覆蓋土地，用根的滲出物餵養土壤微生物，她稱之為「液態碳通道」。澳洲的希爾夫婦看到電視節目介紹瓊斯如何打造健康田野之後，景仰不已，自願提供十二萬五千美元讓她加速前進。瓊斯用這筆錢籌畫了一系列的年度獎，獎勵農場管理最有助於土壤健康，同時還能營利的農業學家。威爾森在二〇〇九年率先贏得獎金兩萬五千元的「希爾夫婦綠色農業創新獎」，他接下來幾天會帶我四處拜訪西澳其他傑出的農民。接下來我會飛到澳洲東岸，在新南威爾斯海邊田園谷地上的小鎮貝加參加瓊斯的第四屆頒獎典禮。

我到達不久，威爾森就帶我出去，趕在太陽下山之前讓我看他的農場。走回車子很辛苦，每次踏在裸土上，沙子就會黏上鞋子，很難想像有人會在這沙子上種任何東西。威爾森告訴我，如果他用傳統的方式務農（在澳洲這地方，傳統農法是指犁田、種下淺根的一年生牧草和苜蓿給牛吃），他早就失敗了。然而威爾森和布朗一樣是創新的農人，多年前就開始測試新的構想。一九八五年，他在旱季種植多育金雀花這種豆科灌木給牛吃，避免他聊勝於無的表土被風捲走。他現在有超過一千公頃的牧草地上縱橫種著一排排多育金雀花樹籬。

接著，二〇〇三年他採用遠比這還激進的措施，種下亞熱帶多年生的牧草。他和布朗一樣，進行這項創新時有個夥伴：澳大利亞聯邦的農糧部推廣官員威利。這步棋令人焦慮，他們並不知道哪種多年生植物會有好表現（甚至根本不知道種不種得起來），而且種子很昂貴。不過新的草欣欣向榮，而且因為這些草是深根的多年生草本，所以耐得住西澳愈來愈難捉摸又反覆無常的氣候。

在北達柯塔州，李希特曾經跟參訪的農民團體和自然資源保育署職員說，農民可不能是笨蛋，「從前，只要有強健的身體就能種田，頭腦不好沒關係。現在不一樣了。」

西澳這些農民就像李希特、布朗和俾斯麥附近的農業家一樣，靠自己學會土壤健康的知識。威爾森告訴我，農業和畜牧所占的國內生產毛額愈來愈少，澳洲政府已經縮減農業部的預算，農民於是自己組成團體，為自己的田野試驗尋找贊助。威爾森就是其中一個團體的領袖，這個團體名叫「常綠農業」，他們做了一個狂妄的保險桿貼紙（我的冰箱上現在就貼了一張），寫著「讓我們看看你的草！」威爾森種下多年生牧草的四年之後，他和威利檢驗了從表土到三公尺深的土壤碳含量。多年生的牧草和多育金雀花樹籬下方的碳比一年生牧草還要多，這不意外，不耕耘可以讓健康的土壤生物群落不受破壞，而且多年生牧草和灌木讓土裡整年都有生長中的根，如此就有碳基糖可以餵養微生物。威利寫了篇詳細的報告，提出多年生牧草或許在積存土壤碳、緩和氣候變遷上扮演了某種角色，他並且引用威爾森土地上的一些數據，把這份報告交給調查氣候變遷和農業的評議委員會。二〇〇八年，他們與一些團體共同受邀，和瓊斯一起向近二十位參議員報告。

威爾森對我說：「大多數團體談的都是氣候變遷將會造成的農業問題，還有他們多需要錢做研究。他們消沉又悲觀，只有我們這個團體說我們覺得問題可以解決。」

威爾森指著挖土機挖開來測試土壤碳的坑洞（由於他的土是砂質，碳看起來有點像香草海綿蛋糕上加了巧克力再烤過），並且讓我看一些新試驗，試驗內容是比較不同的有機土壤處理。接著我們呼嘯開走他的豐田越野車，去趕一些逃跑的牛隻，傑克羅素㹴犬就蹲坐在他的右膝上。威爾森在這塊沙丘上租了二千零二十三公頃的土地，放牧一千隻牛。他把一些牛送去以色列的飼育場養肥，然後運到歐洲賣。我們從多育金雀花旁呼嘯而過，這些灌木看起來有點像正規的樹籬迷宮，就坐落在長滿黃色雛菊的牧草地中央。我們接近一片田野的邊緣時，威爾森停下車，指著沿柵欄跳動的一些動物，不屑地說：「鴯鶓。該死的笨鳥，牠們會卡在柵欄上，破壞鐵絲。」我們穿過幾片小牧場（他讓他的牛在一連串牧草地間移動，全年都以薩弗瑞的方式放牧），最後發現脫逃的牛。威爾森用越野車趕牠們回去，繞著牠們開車，牠們一慢下腳步，他就猛踩引擎。威爾森成功讓一隻公牛快步走開的時候，另一片牧草原有隻公牛沮喪地發出敵意的鳴叫。

回到餐廳的桌旁，我和威爾森談話時，他妻子安在廚房打斷我們的談話。她問道：「你要把你骯髒的小祕密告訴她嗎？」

他紅了臉，太陽曬白的眉毛在他曬黑的臉上甚至比之前更突出。他說：「對……我不再相信氣候變遷了。應該說，我相信氣候在改變，從一九七〇年代中期以來，我們西澳這裡的氣候真的和以往完全不一樣，整年的總雨量變少，大部分的雨下在生長季以外的時間。不過我不覺得這是人類活動造成的。」

他是氣候的懷疑論者！我聽威爾森說過他所追蹤的網站，包括澳洲的 JoNova 和美國 Anthony Watts 的網站，因此只感到微微的訝異。他回憶他讀到的一些內容，包括全球溫度升高的曲線圖沒提到中世紀有一段溫暖期（顯示氣候起伏會自然發生）。還有冰帽的測量結果顯示二氧化碳濃度是在溫度升高之後才提升，而不是在溫度升高之前，表示暖化的元凶不是大氣的二氧化碳。這些都讓他質疑氣候警報。

我不意外，農業界人士常常懷疑氣候變遷不是人類造成的。美國農業事務聯合會是美國最大力挑戰氣候變遷的組織，宣稱有七成的美國農民和他們立場一致。米勒是「愛荷華農業事務聯合會」的研究與產品部主任，也是農人，當我和他談到應該為了土壤碳的公共利益而獎勵農民時，我們稍微研究了農業社群對全球暖化的感受（我避免談到科學層面）。他說：「全球暖化的呈現方式在一開始就有缺點。大家覺得科學家被政客收買，這影響了科學家的可信度。我們愈靠近陸地，就愈覺得之前的航行繞了許多路。不過大家在吵全球暖化的議題時，卻沒有考慮農民的經驗。農民知道的事完全被忽略，或置之不理。」

威爾森二〇〇八年在國會聽證會發言的時候還相信氣候變遷，之後雖然改變了想法，卻仍然覺得他應該盡一切努力培養土壤碳，並引起世界注意。首先，他看到他用多年生草本培養出的土壤碳能幫助土壤留住落在沙丘上的雨，提高土地的生產量，防止侵蝕。他土地周圍的環境也能因此受益。第二，澳洲可能成為第一個付錢給農民，讓農民培養土壤碳以對抗全球暖化的國家。威爾森或許是懷疑論者，不過如果有人要獎勵他種下另一種「作物」，他可不打算拒絕，何況這種作物對他的農場和大眾都有益處，而且他多年來也一直悉心呵護。

二〇一二年澳洲工黨執政時，「潔淨能源未來計畫」對澳洲最大的排放者（能源公司、運輸公司和其他大量排放溫室氣體的工業）重重抽了每噸二十三美元的碳稅，不過雖然一般估計農業的排放量占全球排放量的十三％至十四％，卻沒被盯上❶。其實澳洲的「碳農業倡議」讓農業學家有機會藉著儲藏碳或減少農地溫室氣體排放而抽到一些碳稅。我在二〇一二年九月造訪澳洲的時候，用生物方法來儲藏碳的方式中，唯一受到認可的是種植樹木，並保證在一百年之內不砍伐。這使農民怨聲載道，他們覺得全球另一個隱藏的危機是要餵飽在二〇五〇年預估會成長到九十六億的人口，而把現有的農地變成森林，實在說不通。他們希望碳農業倡議可以擴大獎勵碳儲藏活動的清單，把用更好的土壤管理方式來培養土壤碳也納進去。世界各地的農民把這樣的管理稱為碳農業——至少在二〇〇六年是如此，那一年，佛蒙特州的柯林斯和人共同創立了一間公司，名為「美國碳農」。

美國碳農將碳權當作商品，也就是碳匯，一公噸大氣的二氧化碳轉換成土壤裡二百七十二．五公斤的碳，由農民將這些碳從空氣中固定到土壤，買主是任何想投資土壤再生的人，或是想彌補自己的碳足跡的人。柯林斯的團體也擬訂了行銷計畫，為他們的產品申請認證，向消費者保證他們的食物不只營養，還有助於減緩氣候危機。這個計畫雖然最後還是沒能運作，卻令人鼓舞。

❶比較保守的新政府有可能廢除碳稅，廢除時間可能是二〇一四年七月。——作者注

不過實際的錢在易手的時候有個可能的風險：要計算土壤碳積存的報酬，會既緩慢又有爭議（所謂「實際」，就像澳洲政府打算花在碳農業倡議的十七億碳稅稅收）。這多少是因為土壤並不透明。沒人懷疑種樹可以移除空氣中的碳，並把碳以穩固的型態鎖在土壤中。那就發生在我們眼前，雖然碳一直躲在土壤裡。然而，我們對土壤的了解通常不如其他生態系，要說服政策制定者和其他人相信土壤可以吸收、儲藏碳，格外困難。

培養土壤碳的潛在益處很大，不只會使農場的生產力提升，水道更乾淨，田野整體而言更健康，也能減輕全球暖化。有人就發展出一些通則，讓這種生物帳對齊經濟帳。即使各方都同意每公噸土壤儲藏的碳等於三公噸空氣中的二氧化碳，任何計畫如果要獎勵把碳儲藏在土壤裡的活動，仍然必須考量幾個因素，那樣的儲藏才有意義。首先，儲藏的碳量必須可以測量，才能納入會計系統。第二，儲藏碳的活動必須是額外的措施，這表示採取免耕或覆蓋作物的農業家，先前必須不曾採用這些農法，很可惜，布朗和威爾森等早期實踐者會因為這個條件而被棄而不顧。第三，培養土壤碳的活動不能有碳洩漏，也就是別處的土壤碳不能因此減少，如果一個農業家採取某種方法培養土壤碳，卻使自己土地的生產力下降，其他農民或牧人因此必須用會破壞土壤碳、把碳釋放到大氣中的傳統方式來補足糧食供應量，就是碳洩漏。換句話說，土壤碳的總合並沒有增加。

第四，碳的儲藏期必須有意義，而這個想法引起一些強烈爭議，主題就圍繞在「永久」的概念上。比方說，有個農民或許在土地上培養了五年的土壤碳，但他把農場賣給別人，那人把土地變成住宅開發地，如此一來，積蓄的那些碳就會在推土機推過後散逸到空氣中。當土壤碳和微生物、真菌群落都被切開割碎之後，即使是形態最穩定的土壤碳，也會在幾年之內分解，就像樹木儲藏的碳會因火而釋放到空氣中。為積存土壤碳而付錢的人，當然不希望這種事情發生，但實際情況是農地會易主。

米勒告訴我：「把永久的想法納進來，會讓這個計畫變得不切實際。不少農地簽的是年年更新的契約。依據我們的經驗，在五年間，大約十七％到二十％的土地會更換經營者。變動可不少。」

一個複雜的生物系統裡很少有什麼是永久的，這很難計量！當然了，就算煤也不是碳儲藏的永久形態。或許只有鑽石是永久的。不過世界各地都有聰明人努力發展出協議，這些協議擬定了自願市場或規範市場，以科學眼光來看很可靠，並且能查證、獎勵那些可以儲藏土壤碳、減少其他溫室氣體的農法。

有了自願市場，公司和其他組織如果想用環保行動來取悅顧客與股東，就可以向積存土壤碳，或者減少、防止溫室氣體排放的業者購買碳權。有幾個非營利組織發展出的協議讓碳權有了依據，從以特定農法的影響為主題的研究中，找出通過同儕評審的研究，再把最優秀的研究整合起來，詳盡地敘述土地經營者必須做什麼，然後每年查核，確認土地經營者按計畫進行。二〇一二年，美國自願市場核發的碳權超過一億美元。

規範市場是因應政府對溫室氣體的管制而生，要求排放溫室氣體的大型企業減少排放，或以購買碳權來彌補排放量。重要的規範市場包括「加州排放交易方案」（二〇一三年才開始運作），以及「歐盟排放交易制度」。加州的方案採取的協議是為了自願市場而發展出來的，經微調後已符合加州法規。

許多改革派的牧人和農民自告奮勇幫忙發展協議。莫瑞斯曾任職「環境保衛基金」以及「美國自然保護協會」，現在是美國「碳登錄」的加州分部主任。美國碳登錄是非營利組織，為自願市場發展出協議，任務是登記碳計畫，監督第三方進行的查核，確認農業家確實有防止溫室氣體排放，或是培養了土壤碳，並釋出可以轉賣的碳權。莫瑞斯解釋道：「他們之中有許多人覺得自己遲早會受到管制，因此想要有發言權。舉例來說，加州的稻米產業就認為未來會有管制，他們希望確保自己做對了，因此正和我們一起研擬一份甲烷減量的協議。他們也希望機會來臨的時候，他們可以利用新市場得到額外的收益。」

即使是與全球暖化的商機無關的人，也逐漸關注健康的土壤。農業與自然資源經濟學家榭爾在電話裡告訴我：「現在有許多團體在做大規模的複雜分析，想知道健康土壤和健康田野的價值。我認為這情況會擴大到政策上，而人們愈來愈意識到，有些土地管理能提供各種生態系統服務，而忽略這種管理，我們會付出代價。」

「生態系統服務」聽起來像廢棄物處理公司的名字，不過這個名詞其實是在宣揚富含碳的健康土壤對幾乎所有人都是雙贏（孟山都和其他基因改造生物與化學農業的供應者很可能是例外，如果農業的再生模式變得普遍，他們恐怕會在這世紀變成骨董）。我在二〇一一年奎維拉聯盟的研討會上首次聽到柯林斯演講，美國或許就屬他最能用激勵人心的方式，主張土壤碳是地球上支持生命最基本、最重要的基礎架構。他滔滔不絕列出一串健康土壤可以解決的災禍。健康土壤不只能把水留在土裡，攔住的水慢慢滲入溪流和蓄水層的時候，微生物還會吃掉其中的汙染物。蓄水可以減緩洪水和野火，土壤團塊本身又能防止水和風的侵蝕，這表示汙染空氣的微粒減少了，所以健康的土壤也能帶來更乾淨的空氣。此外，健康土壤的生產力很高。柯林斯向群眾聲明：「這是農民的機會。我們知道怎麼培養表土。我們不只能保育目前已經劣化的田野，還可以修復土地。」

接下來幾年，我經常用電子郵件和電話與柯林斯交談，最後在我北達柯塔州之行的下一個星期，我終於到佛蒙特州拜訪他。第一天晚上，我入住旅館幾分鐘後，他就敲了我的門，問我是想要好好休息，隔天早上再見面，還是在他開著牽引機在田裡噴灑魚和礦物質的液體混合物時，坐在牽引機的馬鞍座上喝杯琴通寧？

我問：「也噴灑生乳嗎？」我知道他也開始在田裡噴灑處理乳品剩下的脫脂牛奶（賣不了多少錢）。內布拉斯加州的推廣部職員龔培德和當地的一些農民發現，土壤微生物很愛脫脂牛奶。這類新發現在再生農業的世界裡流傳得很快。

柯林斯搖搖頭說：「沒有牛奶。」接著又說：「抱歉，我身上有魚味。不過下完雨的夜晚噴這東西很好。」

綠丘化為黑暗，雲在天上凝結時，我跟他去他正在打造的農場。柯林斯在一座穀倉旁設了類似吧檯的東西。他在鋸木架上搭的粗木板上切了一些萊姆，在兩個梅森罐裡倒入亨利爵士琴酒和一些通寧水，稱這是「琴尼亨利」的典範，然後去和紅色牽引機後面的裝備搏鬥，讓我啜飲我的飲料。牽引機前方有兩盞小燈，叉具也升了起來，看起來就像準備攻擊的龍蝦。他壓過引擎的噪音喊道：「我真的欣賞低輸入的農業，不過有時就是得啟動機器。」

柯林斯跟布朗一樣，都不是農家出身的農民。一九九〇年代，他住在亞歷桑納州的納瓦霍保護區的「硬石分會」，參與當地主導的計畫，取得水，拯救沙漠化的土地。當時年輕人使用永續農業的技術，建造沼澤地去取得水，在峽谷中搭起蛇籠，種植樹木。

一些年紀較大的納瓦霍人告訴他，他們從前的作法比較接近游牧，比較健康。他們放牧牲畜，移動牲畜，直到草長回來才回到同一個地點。之後，他會聽到那樣的觀念也出現在薩弗瑞的信念中。薩弗瑞相信，脆化環境裡田野的健康，有賴間歇但激烈的大群牲畜放牧，讓牲畜表現得像有掠食動物在場。

柯林斯回到佛蒙特州，開始務農，完全發揮他的所學。他興致勃勃地研究土壤健康和田野的整體功能，就如同他興致勃勃地迎接每天的挑戰：維持牛隻面前有牧草可吃。他深入閱讀農業文獻（約曼斯、瓦贊、霍華爵士、小羅岱爾、薩弗瑞、布羅姆菲爾德、賽克斯、透納等人的成果），在研討會和世界各地的農人談話。他試了他們對放牧的微調和一些自己的辦法去改善農場。他取了些樣本，發現佛蒙特州的藍黏土上覆蓋的上好黑色土壤不再是去年的二十公分，而變成了四十公分，於是他明白他有了真正的突破。

柯林斯一邊和紅色牽引機後面的裝備角力，一邊談起他把培養土壤碳當作謀生的新方法。他開了柯林斯放牧公司，提供服務給有資金投資老舊農場的客戶，從土壤開始建立健康的農場（農場或牧場的首要基礎設施是土壤，在那裡的所有組成都應該對土壤的健康有利）。舉個例，我拜訪時他正在建造的那座農場就投資了輕型電籬笆，讓全方位牧人劃出許多小塊的牧草地，打開籬笆就能讓牛群從一塊牧草地移動到另一塊。一個人，加上幾公里的通電圍籬，就能跟薩弗瑞那群牧人一樣巧妙地控制畜群。農場主人也透過柯林斯投資牛隻，這些牛隻足以產生許多動物在完美掌控的時間裡對土地的影響。一般而言，柯林斯的客戶都等得起，願意讓土地慢慢從耗竭的傳統農場轉變成富含碳而生產力旺盛的農場。

柯林斯說：「我可以替他們培養一堆土壤。這是我的生意新計畫，替我的客戶從土壤開始建立統包農場，用最先進的再生農業觀念經營田野。這樣的土地很昂貴，不過要做到靠土地賺錢，需要許多努力才能達到。」

把精品農場整合在一起，或許是柯林斯謀生的理想方式，不過他對土壤健康的遠見完全不會被限制在這些特定的土地上。隔天我們談了一整天，他解釋道，許多城市花了數十億元處理耗竭田野的下游問題。他們必須建立基礎設施去避免洪水，去把農業對土壤的侵蝕從渠道和水道裡挖出來，讓飲用水通過各種處理的迷宮，然後變得適合飲用。柯林斯說：「付錢給土地經營者，讓他們重新培養土壤，是非常聰明的都市計畫。」

幾個月後，他傳給我一篇富比士部落格貼文的連結，文章的論點一模一樣。記者齊威克在文中指出，二〇一二年，二十九個國家的兩百座城市已經決定不再建造新的自來水廠和水庫，而是投資在集水區復育，減少下游的汙染。在二〇〇八年，這個數字只有二〇一二年的一半。齊威克引用《生態系統市場》裡的一份報告，說在一九九〇年代，光是紐約市就省下建造新淨水廠的六十億美元。紐約採取一些便宜的辦法來改善供水，包括付錢給上游的卡茨基爾山農民，改變他們的土地管理方式，減少他們土地上的逕流，最後減少湖和溪流裡的汙染（而城市的飲用水就是來自這些湖和溪流）。投資上游農民不只替納稅人省下不少錢，這種「天然」的淨水系統在颶風珊迪呼嘯登陸破壞供電的時候也持續運作。依據齊威克所說，美國有六十七個類似的計畫。全球花了超過八十億美元改善集水區的自然功能，希望保護下游的水質，中國的花費占了其中的九成。

所以每次柯林斯發現他和其他農民的土地管理產生更健康的土壤（還有附加好處，包括生產力提升、水分滲透改善、侵蝕和逕流減少、生物多樣性增加），就忍不住想像如果有一千個農民加入他正在做的事，集水區會受到什麼的影響？他忍不住思考復育集水區的急迫需求。他告訴我：「和植物合作，把空氣和水變成有機物質的這個生物程序，把底土變成充滿生機的有機表土。這要花多久時間？我想答案還不確定，所以我們需要監測，並且接納離群值和異常現象。」例如噴灑生乳。「不過，是人類把自己推入困境，而土壤的形成很緩慢，這一點讓我們無法從困境中脫身，我們必須在緊湊的時間範圍內讓土壤再生。」

若有人以為柯林斯會變成某種懷舊的反科技分子，他會很快就改變想法。柯林斯喜愛科技，多年來也參與開發一個網路上的決策支援工具，有了這個工具，農民就可以用眾包的方式來創新，並將成果傳送到世界各地。他說：「亞歷山卓城的圖書館被焚，是史上莫大的資訊損失。但對我來說，每天都有類似的情況在發生，我們不斷失去農場和牧場產生的資訊。人們發現那麼多的事，那是火花和火焰，也許有人寫了下來，不過資訊科技讓我們有機會把世界連結起來。」

柯林斯也渴望看到高科技監測管理中的田野。他和夥伴美國碳農需要展示自己土地上土壤碳的增加量時，他被勾起了興趣。這樣的監測不只讓農民和牧人多了種判斷土地管理效率的方法，也向需要用數據才能說服的人證實，土壤碳確實可以增加。

土壤碳的檢測方式通常是在一個樣區採取土心樣本，乾燥之後分析。這種技術有個很嚴重的問題，這問題讓人開始批評付錢給農業家培養土壤碳的概念。問題在於土地的差別非常大，砂、黏土、粉砂的含量不同，地形不同，人類和動物的利用模式不同，風化作用不用，而一個土心樣本的土壤碳含量可能和一．五公尺外取得的另一個土心樣本截然不同。即使在同一個樣區，數值的差異也可能高達二%，而對土壤碳而言，這是不小的數字。土壤學家魯尼在研究所的專長是將地質感測器小型化，他在十五年前想出方法把專用感測器和軟體結合起來，準確分析了整片土地的土壤性質。魯尼告訴我：「我不只能把土壤此時此刻的情況告訴別人，我也可以告訴他們，採用某種經營方式之後，他們可以預期土壤會變成什麼樣子。那很重要，因為這關乎樣區之後進步的能力。」

魯尼的技術主要用在葡萄之類的高價作物，以及所謂的精準農業，也就是先詳盡了解土壤的狀況，再依據此了解，運用大規模的作業去把某一作物的灌溉和施肥降到最低。他已經把他的科技用在中國、北非、歐洲和美國，幫助工業化的農業提升效率，減少浪費。但他也和柯林斯合作，從或許是世上監測最完善的有機農場得到土壤數據的基線。

河口島村農場位於維吉尼亞州藍脊山脈的山麓丘陵，一九七一年以來，這裡就收留了智能障礙的成年人。建村任務之一是進行環境研究（根本的信念是生活在健康而有生產力的土地上對人類有益）。二〇一一年，河口島村僱用柯林斯和魯尼在村莊一百一十三公頃牧草地的二十五公頃土地上建立碳的基線，社區的人很好奇兩人在農場管理牛、羊、雞的方式會如何改變土壤。那一點點資訊讓他們渴望得到更多數據去了解土地的改變。他們發現一個全球的「觀測站」運動，主要是用感應的基礎設施去察覺環境變化，把資訊導入軟體，由軟體協助分析、支援決策。

河口島的農場經營者崔弗斯接受這個把農場變成觀測站的想法，觀測站將提供給對健康土地有興趣的私人贊助者使用。河口島觀測站就這麼誕生了。除了比較常見的農業工具之外，那裡的員工也使用探測器測量土壤表面十公分處的體積含水量，並且用貫入儀測量土壤壓實的狀況，這兩種儀器都連接了GPS系統。每次移動牛隻，他們都用 iPad 照相，並評估裸土的面積。他們有水標尺，可以測量六條溪流和村莊土地上各處的水質和水量，另外還有一個 3D 風速計可以監測風況。他們也和蒙大拿州立大學的科學家合作發展一種感測器，用來監測土壤中即時的碳含量。

我致電崔弗斯時，他說：「我們主動和大地對話。現在我們有辦法詢問大地有什麼感覺。我們可以說，『我剛做了這件事，效果如何？』」

河口島觀測站的目標是替農民等土地管理者和科學家牽線，讓科學家有管道可以持續調查，了解不同的土地管理策略在現實生活的廣大土地（相對於小型試驗地）上有何表現，如此農民和牧人才可以學會如何取得、發表科學家覺得有價值的數據。這一切設計都參考了某個科學委員會的意見，確保河口島農場和附近參與觀測的農民所收集、發表的數據在任何地方的任何科學家眼裡都有研究價值，更不用說對其他農民也會很有用。加州大學柏克萊分校的環境工程系設計了入口網站。

崔弗斯解釋道：「我們需要正當性。我們從事再生農業的人，大多真的強烈覺得我們在改變世界，但說服世上其他人的證據真的很不足。我們的計畫試圖提供基礎設施去促成農人改變世界。」

崔弗斯期待他拿到的一些奇特感測器有一天可以幫助其他農民。他相信這些並不會牴觸農業的傳統觀察技巧。他說：「我的家族數代務農，我真的很喜歡看著我的牲畜，看田野改變，因為我一直都能從這上面學到東西。我也喜歡看土壤生物做的事，還有水做的事。從前我看不見，我父親和祖父也看不見。」

河口島觀測站正完美示範了柯林斯想推動的事：貼近大地的高科技。不過他也參與一項非常低科技的計畫，內容是測量土地管理對土壤碳的影響。二〇一一年，他和幾位土壤健康的支持者創立了「土壤碳挑戰」，依據網站上所說，這個國際比賽「希望了解土壤管理可以多麼迅速地把大氣中的碳轉變成土壤裡的有機質……如果想知道人類在多短的時間可以跑一百米，你會建立電腦模式做文獻調查，還是召集人類生理專家小組來預測？不，你會辦場比賽，或是一系列的比賽。土壤碳的事討論了半天，該採取行動了，該用理想的數據來展示哪些事是辦得到的，並且表揚知道如何增加土壤碳的土地管理者。」

多年來，農民和牧人一直在討論需不需要用統計數據來量化再生農業的成果。他們有幾人參與了一個研討會，聽見官方科學家說他不覺得土地管理對土壤碳的儲藏有多少影響，何況要測量碳的增加量太困難。土壤碳挑戰就這麼開始了。挑戰的發起人認為，這對農民和牧人而言有點像獎勵技術創新的「X獎」，不過獎金不是來自億萬富翁，而是參與者支付的費用。他們希望這麼龐大的量化會引發政府和團體的動機，開始鼓勵富含碳的農業和放牧。或許這樣仔細地監測變化，甚至會促使美國農場法案和我們的公共土地政策以土壤碳為核心。如果全球官方都這樣擁抱土壤碳，這星球將會有多少改變？

這是無畏的計畫，也是偉大的想法！對我來說，也可以說是很有趣，因為土壤碳挑戰的企劃者和領導者居然住在一輛老舊的黃色校車上。

我在二〇一二年秋天搬到波特蘭不久，就去拜訪了唐諾文，那時差不多是我第二個外孫的預產期（事實上，如果我女兒和她先生得在我出門的時候衝去醫院，我還得確定我可以找到人代替我照顧一號寶寶）。唐諾文把他的校車停在奧勒岡州菲洛馬斯城外的一座農場旁，不遠處的一大片田野上，有頭豬躺臥在開放式豬舍的陰影中，一隻威風凜凜的狗機警地把羊隻趕過一座滑梯，好讓人秤重。校車的車蓋上有一盆盆草本植物沐浴在陽光下。唐諾文把校車內部改裝成舒適的生活空間，一座拴在地上的直立式鋼琴增添了風情。在我們訪談的某個時刻，他彈了一曲氣勢驚人的古典樂，我忍不住想像他夜裡在那裡就著星光叮叮敲響琴鍵，只有豬、羊和野生動物當他的聽眾。

聽起來唐諾文就像嬉皮。不過他很嚴峻，甚至有種嚴厲的感覺，一頭灰色短髮，三角形的黑眉毛，眼睛旁長了嚴肅的皺紋。他有種外科醫生的沉著氣質，不過是那種自己剪頭髮的外科醫生。

唐諾文已經在這輛校車住了至少十年，他也期待參與者能這麼投入。十年的循環開始時，他從土地上的一個樣點取得基線土壤碳的測量值，這片土地的農民或經營者必須還沒採取過新式管理，包括免耕、全方位放牧或種植覆蓋作物，或柯林斯口中那些經再生農業採用、修改的大約四十種廣泛的策略。地點一貫是農民或牧人認為有潛力且計畫要在測量之後開始重新管理的地方。唐諾文每三年會回去重新測量一次。計畫的目的並不是評估整片土地增加了多少碳，如果沒有要販賣碳權，就不需要去測量大批積存下來的碳。唐諾文只是要大略了解創新、認真的土地管理者讓土壤碳含量發生什麼樣的變化。

唐諾文的計畫和從前的土壤碳測量計畫有些不同，其中一點就是這十年的期間。他說大部分的學術研究計畫必須在三年內完成、提出報告，但三年不足以追蹤發生了什麼事。而且估計土壤可以儲藏多少碳，時常需要比較不同的土地。他們測量原始森林的土壤，測量耕作二十年的土壤、耕作十年的土壤，然後計算任何方面的變化是如何影響土壤的碳含量。不過唐諾文監測十年之間數個樣區的改變之後，確實能明確指出人類管理對土壤碳的影響。

至於如何獎勵培養土壤碳的土地管理者，大部分政策層次的考量都根據模擬。至今為時最長的例子是芝加哥氣候交易所，從二〇〇三年持續到二〇一〇年。這個交易所是在樂觀主義的氣氛下創辦的，認為美國會採用全國性的排放交易方案。交易所的報酬是以模式為根據，基本上的意思是，採用免耕或施糞肥這類特定農法就等於把一筆碳儲藏在地裡。加州的排放交易方案使用類似的辦法，雖然制定的協議遠比這更嚴謹、保守，並且有科學根據。

不過唐諾文認為，模擬基本上有問題。他說，實際的監測遠比這還理想，不論是用緩慢辛苦而低科技的方式採集許多土心樣本送到實驗室，或是用高科技的方式，例如魯尼或河口島正在進行的那些測量。他說：「模擬提供了一種方式，但這方式限制了土地管理者在田裡的創意。像布朗那樣的傢伙不可能為了薪水去做他正在做的事。」布朗正在參與挑戰。

唐諾文帶我去他做過基線測量的一個樣區。那片田曾經種植草皮，然後挖去移植到別人的草坪上。他測量之後，農民種下多年生的草，然後用全方位管理來牧羊。一般而言，唐諾文要花兩小時設置取樣點的座標方格，再抽出土心樣本，不過他迅速解釋他怎麼進行，然後就用他的手持工具從地上抽出十公分深的土心樣本。他指著樣本微黃的底部說：「看到有多乾了嗎？這些土沒有足夠的水分滲透。」

接著我們在校車旁徘徊了一會兒。這座農場的所有者不是在這裡工作的農民，而是「農地投資公司」這個團體。農地投資公司買下老舊耗竭的傳統農場，改造成健康的有機農場。投資人的導覽正要開始，我想跟去，但他們一直沒出現，最後我和唐諾文去了附近科瓦利斯的農民市集（我在那裡找到我夢寐以求的蘋果品種，現在我的院子裡就種了這麼一棵蘋果樹）。

不過我對這概念有興趣，因為這是有人用培養健康土壤來賺錢的另一個例子。我打電話找到農地投資公司的共同創辦人兼首席科學家布拉福德，他解釋道，農地投資公司是私募股權基金，想要利用有機食物的供需落差來獲利。一九九〇年以來，有機食物的銷售成長了二成，在二〇一〇年超過二百八十億美元。雖然有機食物比較昂貴，市場成長的最大限制卻是供應不足。美國獲得有機認證的耕地不到一％。二〇〇八年之前，這數字每年上升八．五％，卻無法趕上需求。現在有機土地的數量正在下降，大部分有機食物的需求是由進口食物來滿足。

布拉福德說：「瓶頸是經營和財務。從傳統轉型到有機，中間大約需要三年，這期間的成本會提高，收入則會減少。三年之後，有機農場的財務通常會改善。如果你要買輛車，可以融資五年。可是目前我們的制度對農業只有短期融資，而且非常保守。」

布拉福德明白，這三年的轉型期是融資的理想目標，尤其是銀行不敢隨便借錢給有機農民。他和生意夥伴維希納覺得他們可以找到投資者提供資金讓人購置、改良土地，之後他們就能把改良過的有機認證農地出租給精明的年輕農人，他們有些良好的務農經驗，卻沒錢買自己的地。布拉福德和維希納理想中的農場不只通過有機認證，而且重視土壤健康，這一點有別於大部分的大規模商業有機農場。他們從二〇一〇年一開始的六十公頃，到現在擁有二千五百五十公頃，並且有八十三個投資者。布拉福德說：「我們告訴我們的投資者，他們三年裡不會得到紅利，這叫耐心資本。」

農地投資公司和柯林斯一樣搭上相對小眾的一些有錢人，這些人認為培養健康土壤不只是社會公益，也有利可圖。這是行善得福的老作法。不過美國九十九%的農業是土地管理者用不良的農法一再破壞土壤，要拯救美國農業，那樣的有錢人恐怕不夠多。還有誰可以給他們改變的動機？

其實我們可以，我們可以靠著分配給美國農業部的稅金來達成。美國農業部在一八六二年成立，由林肯簽署生效（林肯稱之為「人民的部會」），而優質食物與農業的擁護者對農業部的批評卻多過稱許。他們舉出農業企業和農業部的領導者之間有道旋轉門，農業部對基因改造生物的監督鬆散，對有機和地方農業支持不足，而且原意是管理大型生產者的法規，實際上卻壓制了小型生產者。薩拉汀是農人兼作家，他在著作《各位，這不正常》中寫道：「歐巴馬總統的農業部長維爾薩克在愛荷華當州長時，被愛好基因轉殖的農業部門選為年度州長。那麼他核准基因轉殖的紫花苜蓿、更多的玉米和甜菜，不是理所當然嗎？二〇一一年四月一日，農業部通過八十一種基因轉殖作物，沒有任何申請遭到否決。頭腦清楚的人，誰會覺得應該讓這些人為食物安全把關？」

不過美國農業部是龐大的組織，有超過十萬名職員，其中許多人誠心支持把健康土壤視為公共財的農業政策。去年我遇到一個這樣的職員，他解釋了美國農業部如何提供公募基金去幫助傳統農民度過轉型期，實施更永續的農法。

錢伯斯是農業部自然資源保育署的科學家，自己也是農民，在肯塔基州有一小塊地。事實上，他是在尋求土地轉型的建議時，才知道有自然資源保育署。前一個地主種植的是單一草種，他想混合栽植多年生的草，加強他土地的碳積存，抵銷他家的碳足跡，並為蜜蜂與其他授粉者提供更好的棲地。我和他在自然資源保育署位於波特蘭的辦公室見面時，他座位旁有一整面的窗戶，窗外的山景令人炫目，我很難專心。他告訴我：「做這件事時，我主要思考的是碳，因為我研究的是氣候變遷的科學和政策，所以想要實踐。不過歌帶鵐不曉得這件事，山齒鶉也不曉得，在那裡築巢的火雞也不知道。俄亥俄州河的水質對碳積存一無所知。這些是我們從這活動得到的公共財。」

錢伯斯加入保育署的空氣品質與大氣變遷小組，他正在進行這小組的保育創新獎助金計畫。九個獎助金的協議有些是減少農業的溫室氣體排放，有些是培養土壤碳，提供資金給農民和牧人轉型，然後幫助他們找到願意為了減少碳排放或增加碳儲藏而買碳權的顧客。

自然資源保育署因為其中一個計畫而和野鴨基金會合作。野鴨基金會是頗受敬重的狩獵愛好者組織，建立於塵暴時期（塵暴對鳥類族群是一場浩劫）。他們的口號是「讓今天、明天的天空都飛滿水鳥，直到永遠」。當地有許多未被干擾的土地被犁開，種植玉米等經濟作物（乙醇的市場使得玉米的價格水漲船高），令自然資源保育署和野鴨基金會焦急不已。這樣的作法摧毀了野生水鳥的築巢地和繁殖地，也毀了土壤裡的碳。幸好他們發現了一個解決辦法，能讓保育人士和農民皆大歡喜，同時又能獎勵農民。

保育創新獎助金針對的是北達柯塔州隸屬於草原壺穴地區的私人土地，這些土地上遍布數千個淺溼地。這些土地一直受「保育休耕計畫」的庇護，這是從一九八五年開始實施的聯邦計畫，只要是自願讓一部分土地休耕，暫停行間耕作、放牧或種植牧草等所有生產活動的農民和牧人，都能獲得補助。目前全國有大約一千一百萬公頃的土地套牢在十到十五年的休育休耕計畫契約下，北達柯塔則有一百二十一萬公頃。這個計畫雖然確實保護土地不受犁具破壞，但並非純粹倡議保育。農業部為了預防某些國家緊急狀況（例如二〇一二年的乾旱）威脅美國牛隻的飼料供應，因此希望留著一些受保護的土地。萬一發生那些情況，保育休耕計畫的土地就可以放牧，或收割提供秣草。

不過保育休耕計畫的契約過期之後，許多地主開始受到商品玉米的高利潤誘惑，於是野鴨基金會和自然資源保育署擬定了第三種「使用地」的選擇。在這個方案下，地主可以選擇把土地拿來放牧或種牧草，但不能耕耘栽種作物，這可以保存土壤裡蓄積的碳。地主需要提出永續的放牧計畫，而自然資源保育署會提供資金給這些計畫所需的投資，例如圍欄與牲畜用水。野鴨基金會表現出色，找到一家願意跟地主購買碳權的美國大型製造商。

數十年來，環保人士幾乎一致認為牛隻會摧毀土地，但科學證實水鳥和牛隻會在同一個地方繁衍生息。我在北達柯塔州和野鴨基金會的生物學家戴爾見面時（他目前在美國自然保護協會工作），他解釋道：「鴨和家畜的關係其實非常簡單，牠們都需要水或溼地和草。這些草原壺穴的溼地對水鳥而言不可或缺，在牠們關鍵的生命史階段提供草料和棲地。東達柯塔是野鴨基金會的工作重點，那裡的降水在大平原區中偏高，而那些額外的降水以及這些降水分支持的植物群落能提供豐富的草料，十分耐得住放牧。」

戴爾在後續的電子郵件裡指出，這些草種混生的大平原其實是在野牛和火的影響下演化，需要一些干擾才能維持活力。他讓我想起布朗全方位放牧的田地，看起來比附近多年沒放牧、不受干擾的保育休耕田健康多了。

第三種選擇唯一的不利因素，是參與者必須同意不能在這片土地上耕耘、種植作物，而且是永遠不能。他們必須把子孫和未來的地主拖下水，一起保留這片土地，只能用來放牧和種植牧草，永遠不種植作物，這表示他們永遠無法得到乙醇的鉅額收穫。這聽起來像是阻礙，其實不然，因為錢伯斯說地主爭先恐後加入計畫。二〇一二年，自然資源保育署為這個計畫撥出一百五十萬美元，但資金需求是一千一百萬。錢伯斯告訴我：「這個金額不高的投資帶來的公共利益是空氣品質、碳積存、水質、野生動物棲地和土壤健康。想參與的人超過我們的公募基金所能處理的數量。」

耕耘土壤會釋放土壤碳，雖然這已經是不爭的事實，但官方部門仍然不確定土地管理能不能培養土壤碳、可以培養多少土壤碳。另一個保育創新獎助金的溫室氣體計畫處理了這個問題。這計畫的根據地在帕盧斯，是一片丘陵起伏的美麗地區，主要位於奧勒岡州境內，不過也占了愛達荷州和華盛頓州非常小的一塊地方。帕盧斯是由冰河時期從西方吹來的粉砂匯聚形成，連綿數哩的軟綿丘陵看起來很像蛋白霜，只不過非常青翠。小麥農在那裡興旺了幾代，一遍又一遍耕耘他們的土地，有時候一季會用上八次機具。土壤碳不只粉碎、散逸到大氣中，土壤本身也受到侵蝕，在集水區造成問題。每次下雨，就有巧克力牛奶色的逕流從耕耘的田裡滾滾奔流入溪。自然資源保育署因此推出保育創新獎助金，鼓勵農民轉型成免耕農法，在三年間付給他們每公頃五十九美元，幫助他們支付任何額外的成本或生產損失。錢伯斯對我說：「這是避險。我們其實覺得他們的產量會提升。」

帕盧斯的農民也會有另一種收穫。科學家在參與者的土地上測量了土壤碳基線含量，深達一公尺，十年之後會再測量一次。農民會立刻因為他們保護土壤不受耕耘的蹂躪，而從「EKO資產管理夥伴」手上得到一筆錢，這家公司「投資製造環境價值的計畫和公司」。十年結束時，帕盧斯的農民也可能因為他們十年間在土壤裡培養的碳量而得到報酬。幾家投資公司都表示有意在未來向帕盧斯農民購買碳權。其實農民「種植」的碳就像種植的小麥一樣，都是可以帶去市場賣的產品。

這些事讓我有點昏頭了，不過錢伯斯要我把碳權想成另一種商品，就像蘋果。EKO和另一家投資公司會向帕盧斯農民大量買下這些蘋果，然後在某個時刻可能就轉身在自願市場出售。目前為止，只有六個協議通過核准，進入最新的規範市場：加州排放交易方案，而且這六項都和土壤碳沒有任何關聯。按錢伯斯的隱喻，那個計畫現在只對特定一種顏色、形狀、大小的蘋果有興趣，而且理所當然對腐爛的蘋果心存戒備。不過有些公司（通常是因為股東堅持）期待公司的永續簡介能長一點，所以在自願市場售出這些碳權的機會很大。

錢伯斯告訴我：「農業碳權的利益愈來愈高，買主似乎特別喜歡跟碳權相關的衍生利益。」

帕盧斯的這保育創新獎助金仍然需要農民永久轉型成免耕農法，而農民的熱烈反應再一次遠遠超過撥到這個計畫的公募基金。

想像一下，如果土壤是我們政府更優先的事項——非常優先，有足夠的資金讓所有農業家轉型成永續農業（唐諾文形容這是「慢一點毀掉土地」），更理想的是轉型成布朗那樣的再生農業！按照錢伯斯的計算，美國三億七千萬公頃的農地之中，只有四．三％參與了某種政府的土地保育計畫，所以有三億五千四百萬公頃的土地可以加入北達柯塔州或帕盧斯那一類的計畫。當然了，公共支出一定很龐大，不過在其他方面卻可以省下更多錢，包括公共衛生的支出，清潔水、空氣與氣候相關災難的支出。

澳洲付錢給農民儲藏碳或減少溫室氣體排放的計畫，不只是在金額上讓美國的努力相形失色。二〇一三年，澳洲也做了件效果強大的事：指派最顯赫的公民成為土壤健康的第一位官方倡導者。傑佛瑞是職業軍人，從二〇〇三年以來擔任澳洲的第二十四任總督，意思是，他是女王指派在澳洲的代表。說來諷刺，他告訴我，他的環境哲學其實是受到小羅斯福的影響。小羅斯福在一九三六年簽署了土壤保育法，並且表示「一個國家的歷史，終究取決於這國家怎麼照顧自己的土壤」。

他一九九三年從軍中退役，之後擔任西澳的總督，直到二〇〇〇年卸任。他在即將離開這個職位的時候成立了非營利機構「生之土壤」，鼓勵再生農業，並且向轉型成功的農民和牧人收集案例來研究。傑佛瑞以土壤倡導者的新角色，堅持澳洲要把土地和水當成主要的策略性資產，並且兩者應該合併管理。他希望農民和牧人能因為改善田野健康而得到獎勵。他也邀請澳洲的科學家來研究健康土壤的特性。傑佛瑞告訴我：「我希望科學家解答幾個簡單基本的問題，那麼一來，我們就不用再爭執這些問題了。碳積存正是其中之一。」

我拜訪了生之土壤網站列為案例研究的幾位農民，還有幾位不在那上面。大部分農民對他們會因為土壤裡的碳而得到報酬似乎半信半疑，不過其他的益處讓他們覺得轉型很值得。他們的土壤現在能留住水和礦物質，而且他們也因此賺了錢。他們的溪水變得更清澈，動物更健康，想到科學家現在對他們在做的事有了興趣，他們樂得很。務農這件事現在變得更有趣，更有創意了，不再只是照本宣科，而是一門技藝與科學。

雷克斯在西澳的韋金附近有座農場，用來牧羊和種穀物，他告訴我：「我們在做我們真正熱愛的事。我們走進地方俱樂部，談起農業的時候，其他人都消沉悲觀。不過我們在這趟漫長旅程遇到的人很棒。你可以在他們身上看到活力。」

第六章

Why Don't We Know This Stuff?

我們為什麼不知道這些事

我參加二〇一〇年奎維拉聯盟研討會的第一天，坐到座位上的第一個念頭是，我從來不曾和這麼多牛仔帽共處一室。不久，令我驚歎的就不只帽子了。

那天早上，「旱地解方」的威瑟比在會場前踱步談著他的工作。他是英格漢的弟子，曾在英格漢設於奧勒岡州的「土壤食物網」中心受訓。他幫助墨西哥貧農改善收成，而且還不必用肥料、殺蟲劑和其他化學手段這些昂貴的東西。他在一塊試驗地建了一個等高溝系統來收集雨水，然後讓土壤與小苗浸在堆肥液裡。英格漢最喜歡用這種方式把微生物帶入耗竭的泥土中。（首先必須製造理想的堆肥，我後來在一堂英格漢的課裡學到，這個任務有很嚴謹的科學。她十分輕視人們常拿來當堆肥的還原性廢料或「腐敗的黏泥」。）

威瑟比前後對照的照片很驚人。任務開始一年之後，墨西哥遇上六十年來最嚴重的旱災。試驗地四周的田野都乾涸了，而試驗地在發黃的背景裡宛如醒目的綠色旗幟。威瑟比的試驗地裡，玉米稈常有三個分枝結出玉米穗，鄰居的玉米稈則是未分枝，單根玉米稈上長著單支玉米穗。威瑟比沒有受到玉米螟侵擾，但玉米螟摧殘了其他的田。他的玉米穗妖豔地頂著紅絲般的狂野頭飾，隔壁農人（威瑟比說是非常傑出的農人）的玉米穗看起來像乾燥的小小松果。

下午，密蘇里州的高瘦牧人朱帝大步跑到會場前。他聲明自己是微生物農，稱他的牛隻為移動式微生物槽。他二〇〇七年開始「大量放牧」，這種作業受到薩弗瑞的啟發，是讓非常大群的牛隻在相對較小的區域上移動，對朱帝而言，就是每公頃一百一十一公噸的牛。一年之後，他的草料（牛可以吃的草）更多了，蚯蚓更多了，也更能抵禦乾旱了。他鄰居的土地在乾旱時暫停活動，他的田野卻依然茂盛。他成功到可以辭去和農業無關的另一個工作。他擴展他的事業，租下附近的一些地，那些土地耗竭得太嚴重，再也沒人肯去務農。他讓牛隻來回走過鄉間小路，踩上那些地。土地在他的管理下變得欣欣向榮，野生動物興旺，一個愛好狩獵的鄰居於是撕了租約，請朱帝帶領牛隻去他的土地作亂（朱帝每年大約經過每塊土地兩次），限期是永遠。

朱帝有些有趣的妙語，這裡摘錄一些我的最愛：

「大自然妥善運作了數百萬年，直到我們出現，把事情搞砸。」

「我不再把秣草拿去給我的牛了。把一捆捆乾草拿給牛，就會把牛變成社會福利金的領受者。我的牛要自己討生活。」

「自然之母種起雜草，保護她寶貴的肌膚。」

朱帝說完之後，大量聽眾移到會場外，把我們的下午茶餅乾一掃而空。我注意到我旁邊有個戴名牌的男人，名牌上寫著他來自加州理工州立大學動物系。我渴望見到更多關心這種方法的科學家，於是把餅乾塞進口袋，向他伸出手，「你和這裡的科學家應該都對這類東西做了不少研究吧。」我說著，手朝朱帝揮了揮。

沒想到動物學家拉塞福握著我的手搖搖頭說：「我們幾乎什麼也沒做。農民和牧人在這方面遠遠超越了科學家。」

幾個月後，我問了札特曼相同的問題。札特曼是俄亥俄州立大學動物系的名譽教授，他解釋道：「沒人贊助這類研究。肥料公司可不會做這種事。殺蟲劑公司也不會。是錢決定了研究方向，而不是研究方向決定了錢。」

我對農業科學家總是有好感。我在加州大學戴維斯分校附近長大，那裡有美國數一數二的農業科系。我搬到俄亥俄州時，父親一直想引誘我回去。他會打電話給我，說要替我出戴維斯的學費，還會買匹馬給我。當時我對毛澤東的興趣勝過牛，不過他的提議總是讓我有點揪心，所以當我聽說農業科學家（集中在美國一百零五個贈地大學的校園）沒有熱切研究這些令人振奮的農業新想法，我有點沮喪。

說實在，其中有些想法甚至沒那麼新。農人運用覆蓋作物的歷史已經有好幾世紀，他們觀察到，主要作物收成之後，如果在田裡種某些植物，土地的生產力會提高。他們和現在的科學家不同，不了解太陽、大氣、植物和土壤微生物之間複雜的交互作用，他們只知道那樣會比較成功。所以，那樣的想法為什麼不再受到重視呢？為什麼用二〇一三年春天差點炸掉德州威斯特鎮的那種化學藥品給我們的土壤施肥，會變成常態？

都是林肯的錯，不過美國的農業現況很可能也出乎他意料之外。

林肯在艱苦的農村長大。「憂思科學家聯盟」的食物與環境計畫主持人兼資深科學家薩爾瓦多這麼告訴我：「他花大量時間帶著馬隊做最艱苦的工作，辛苦勞動，花很長時間苦思有沒有更好的辦法。」林肯當上總統以後成立了一個研究機構，尋求更好的辦法。他建立美國國家科學院，也建立農業部。他批准了佛蒙特州參議員摩利爾提出的議案，設立一個學院網絡，致力於農業研究和教育。先前的布坎南總統否決了這個議案（南方代表也一直強烈反對），但林肯在一八六二年簽署通過。這條法案授權聯邦政府把一些土地讓給各州和准州，分給這些學院。目前這些學院大部分都已經改制成大學，此後聯邦和國家基金一直有專款補助這些贈地學院。

一九三一年的一場演講中，奧勒岡州農業學院的校長柯爾讚揚贈地學院成立之後，為無知的國家帶來了民主化的教育，以及科學知識。他說：

從前人們對科學或科學的應用普遍不太了解。一八一六年一份新英格蘭的報紙反對設置街燈的計畫，從這可以清楚看到大眾對應用科學的態度。報上這麼寫：「這世界的神聖計畫是晚上需要黑暗，而人工照明是試圖干預這個神聖計畫。」「照明氣體散發的東西對人體有害。」「光明的街道讓人容易待在戶外，會導致更多人受寒罹病。」「人們將不再懼怕黑暗，酒醉和惡行會增加。」

柯爾在之後的演講中列出贈地學院對美國農業的貢獻，特別提起他們的成果促成了一些全新的產業。他說，加總之後，贈地學院對美國經濟福利的貢獻大約是每年十億美元。

北印地安納州有幾千公頃的土地從前沒有生產力，被農民荒廢，但由於普渡大學對土壤與作物的研究而再度用於農業生產。路易斯安納州的甘蔗業因為舊有品種受到嵌紋病毒感染而沒落，引進新品種的甘蔗之後再度復興。從埃及引入德州的非洲蘆粟變成每年產值一千六百萬的秣草作物。格林苜蓿由德國移民格林帶到這個國家，也因此而得名。這種苜蓿在明尼蘇達經過反覆試驗，證實耐寒且有適應力，在美國生產紫花苜蓿的主要地區已經取代了一般的品種。贈地學院培育出新的小麥品種，包括Kanred、Denton、Federation和Defiance，其中德州的Denton就使該州的農業財富每年增加二百五十萬美元。密蘇里州因為贈地學院引入大豆而發展出每年合計一千五百萬的產業，人們從前對這種作物一無所知。棉鈴象鼻蟲、歐洲玉米螟和地中海果蠅及時受到控制，挽救了棉花、玉米和柑橘類等大型產業。透過研究，我們得以改善生產方法、大幅減少生產成本，乳品製造也因此變成二十七億五千萬美元的產業。奧勒岡州為了產蛋而育種，緬因州改良自閉式產蛋箱，以及紐澤西州的雛雞產業，這些都徹底改革了家禽工業。大西洋岸與大湖區的水蜜桃以及美國的整個蘋果產業今日之所以是營利企業，就是因為贈地學院發展出控制疾病和害蟲的方法。

從一九三一年的觀點來看，林肯振興農業的心血，以及從這些心血衍生出的系統，都極為成功，甚至在二〇一三年回顧也是如此。薩爾瓦多告訴我：「我們的產量急起直追。在林肯時代，如果有哪一年種不出作物，真的可能餓死。現在我們誰也不用擔心食物從哪來。食物從不曾像現在這麼多。仔細想想，這主要和便利性以及我們將會有什麼東西有關。即使擔心食物的人，其實也不是真的擔心食物。他們擔心的是沒有錢買食物。食物本身不是問題。」

不過這一切積極修補農業的動作中藏著危險的想法：人類的使命是為了自己的需求而征服自然。愛荷華州立大學「李奧帕德永續農業中心」的前主任，也是現任傑出院士基爾申曼說，這種思想源自於啟蒙主義。

基爾申曼說：「啟蒙主義從我們所謂的黑暗時代，以及困住我們的意識形態之中解放了我們。不過那樣的啟蒙觀點也認為，人類和自然在某種程度上是隔絕的，認為我們不只能主宰自然，而且有責任主宰自然。笛卡兒說過一句名言：我們必須成為自然的主人與擁有者。假設自然是某種物質的總合，而我們可以為了自身的利益而加以操控，這樣的想法並沒有意識到自然其實是活的群落，且高度相互依存。」

柯爾演講後的短短幾年，那種思維最慘重的後果就隆隆掃過高地平原。一心種小麥賺大錢的草原破壞者掀開未經開墾的大平原土壤，一再種下作物，完全不回饋大地。沒有覆蓋作物，沒有覆蓋物，只有無情的犁田。少了植被滋養、固定土壤，大地被烤乾，曬到褪色。耕犁摧殘加上長期的炎熱天氣和強風，引發了塵暴。

伊根在他《最艱困的時光》一書中以神來之筆描繪了塵暴。伊根寫道：「塵霧滾滾湧起，升到起碼三千公尺的空中，然後像會移動的高山一樣翻騰前進，似乎有自己的力量。沙塵落下，無孔不入，頭髮、鼻子、喉嚨、廚房、臥室、水井，四處都有。早上光是清理屋子，就需要用上鏟子。詭異的是黑暗。人們去短短一兩百公尺之外的穀倉，得在身上綁繩子，就像太空人在太空漫步得連上生命支援中心。」

一九三四年五月，如山的沙塵隨著風暴隆隆向東移動，美國其他地方不得不注意到大平原區的環境災難。伊根寫道：「芝加哥有一千兩百萬噸的落塵。紐約、華盛頓，甚至大西洋離岸四百八十多公里的海上船隻都覆上一層褐色。」

大自然之母向我們展現破壞土壤的後果，而我們謹記在心（至少暫時如此）。第二場大平原塵霧染黑華盛頓特區正午天空之後的幾個星期，慌亂的國會通過一九三五年的土壤保育法。這個法案體認到「浪費農場、牧場和林地的土壤與水資源……會威脅國家福祉」，並且指示農業部長建立土壤保育署，這是永久的單位，也就是現在的自然資源保育署。兩年後，小羅斯福總統授權美國各地成立土壤保育區，今日仍在運作的有三千處。伊根相信，這些保育區的成果改變了大平原區的一些作業方式，因此雖然又發生兩次嚴重乾旱，卻沒出現第二次塵暴。

不過塵暴並沒有完全停止。幾年前，我第一次在谷歌搜尋引擎輸入「塵暴」時，跳出一則引文，內容是兩星期之前發生了塵暴。我剛剛再查詢一次，發現一篇二〇一三年一月的文章提到科羅拉多州中東部出現沙塵，吹到堪薩斯州的西北部，能見度降到四百公尺，造成一小時的危險狀況。

塵暴除了改變公共政策之外，也促成了某種農業復興運動，使人們不只重新思考人類對待土地的方式，也思考人類和土地的整體關係。「是土壤衰退造成文明毀滅嗎？或者土壤衰退是因為文明不知道怎麼照顧人類腳下的大地？」聽起來有點像英格漢、布朗或薩弗瑞可能說的話，不過這句話其實出自美國農業部一九三八年出版的《土壤與人：農業年鑑》。

最著名的土壤請願者是布羅姆菲爾德。他是普利茲獎作家，與好萊塢來往密切。他在法國待了十三年之後，回到俄亥俄州的「快樂谷」，用餘生替家族農場附近受侵蝕的土地重建土壤。他在俄亥俄州寫過兩本短篇小說集和五本小說，不過都沒受到評論推崇。事實上，威爾遜還曾經在《紐約客》雜誌寫過一篇嚴厲的評論批評他的作品，標題是〈布羅姆菲爾德怎麼了〉。不過當時布羅姆菲爾德寫小說只是為了資助他在農場的工作。當他開始把這些經驗寫成非小說時，評論再次喝采。

由於土壤健康和地下生物學都是非常新的研究領域，因此今日創新農民可以運用的那種土壤科學來不及幫上布羅姆菲爾德。其實農業研究署的土壤學家卡倫告訴我，他十五年前提議在美國土壤科學學會的年會舉辦土壤健康的工坊時，有些學會會員還嘲諷土壤健康並不科學。不過布羅姆菲爾德是很細心的觀察者，努力和自然合作，而不像愈來愈多的「現代」農業專家那樣大力鼓吹智取自然或對抗自然。他提倡謹慎的農耕與放牧策略，得到亮眼的結果。柯林斯算是一九三〇與四〇年代農業復興的學者，他在電子郵件下方引用了布羅姆菲爾德等一長串土壤培養先驅的話。柯林斯告訴我：「專家說，自然界要一千年才能產生二．五四公分深的土壤，不過布羅姆菲爾德一年就培養出二．五到五公分，徹底改變了土壤剖面。他買下疲弱的農場，十年就得到了三十公分非常肥沃的土。」

我搬到波特蘭之前，在俄亥俄州鄉間的最後一次參訪是到布羅姆菲爾德的馬拉巴農場，那裡離州際公路只有幾公里，現在是州立公園。道路兩旁成排的玉米宛如數千名呈戰鬥隊形的士兵，牛隻在泥濘的小牧場吃牧草。這地方並沒有文明農業的氣息。布羅姆菲爾德的著作持續鼓舞像柯林斯這樣的人，而除了著作之外，他唯一持久的遺產是替家人和訪客建造的房子，以及他大量的藏書與藝術品。那棟房子有三十二間房間，我和一群遊客，包括幾個煩躁不安而毫不感動的小孩一起參加房子的導覽，跟三名圖書館員一同驚歎地看著摩西奶奶的畫作，以及裱框的《紐約客》漫畫，畫的正是布羅姆菲爾德。我目瞪口呆地看著樓梯，電影中洛琳．白考兒的一幫純樸朋友參加她和亨佛利．鮑嘉的婚禮時，她就是在這個樓梯把新娘捧花拋向她們。我羨慕布羅姆菲爾德的驚人臥室，臥室裡有一大張書桌，床嵌在書架間，牆壁漆成紅綠二色。我確信《月亮，晚安》那本童書的插畫家一定在這裡待過一段時間。

幸好一九四〇年代還有另一個都市逃兵深切影響了美國對土壤的理解。羅岱爾（原名柯恩）出生於紐約市下東區，是食品雜貨商的病弱兒子，在讀過霍華爵士的著作《農業聖典》之前換過大量工作。霍華在書中描述一九〇五至一九三一年間他以農業專家的身分待在印度的時光，他從當地農民的農法中發現的智慧比他從英國帶來的農法還要多。霍華成為培養土壤健康的鬥士，研發出把廢料堆肥製成強效土壤改良劑的方法。羅岱爾買下一座農場，實踐霍華的方法，成為美國第一個推廣有機農法的人。他也在一九四二年發行他的第一份雜誌《有機農業與園藝》，而霍華是這份雜誌的副主編。

羅岱爾把一萬本免費的創刊號送給農民，不過當時還沒有讀者能接受這種內容，沒人訂閱這份雜誌。三十年後，《紐約時報雜誌》的一篇文章〈有機食品信仰的精神導師〉寫到羅岱爾，作者思索道：「化學肥料遠比占空間的有機物質容易施用，而且定期施加通常會有更高的產量。羅岱爾選擇傳播他的福音時，美國農民正開始全速投向化學肥料的懷抱。美國的化肥用量從一九四〇以來增加了七倍。」

但羅岱爾不屈不撓。《紐約時報雜誌》的文章刊出時，他和他的努力在各式的次文化中其實擁有驚人的影響力。《紐約時報雜誌》的作家如此描述這些人：「這些食物信徒，從保守素食者到受東方啟發的年輕『養生』飲食者，著重的是全穀飲食，尤其是稻米。此外，還有渴望所有時鐘都回轉的反動分子、離開都市尋找更自然的簡單生活方式的人、擔心化學藥劑長期影響環境的生態學家，以及奇愛博士那一型的偏執狂，他們在鬆餅粉的成分標籤上讀到下毒的陰謀。另外還有普通人，糖精和磷酸鹽有害的聲明讓他們對所有合成化學藥劑都抱著戒心，尤其是加進他們食物裡的東西，或是他們以為食物裡有加的東西。」

我把自己視為愛奇博士的一員。

《紐約時報雜誌》把羅岱爾描寫成有點討人喜歡的怪人，不過他的許多憂慮都有驚人的先見之明。該雜誌的作家為了證明羅岱爾的瘋狂，指出他認為小麥、糖和飲用水裡的氟化物不健康，而這些現在都是社會主流擔憂的問題了。作家問，如果有機農業那麼優越，為什麼沒有更普及，羅岱爾解釋道，整個農業體制（從贈地大學、學術農業到農業部）都被農業的獲利進度給綁住了。今日許多人都有同樣的想法！幾年前我在寫一篇無麩質飲食的文章時，聽到一位名醫說出這種論點的類似版本。小麥和其他穀物中的麩質其實會傷害麩質不耐症患者的消化系統，可能造成癌前症狀，而他告訴我，和其他國家比起來，麩質不耐症在美國大幅被低估了。我問他為什麼，他認為這種疾病很難拿到研究經費，因為最好的治療不是藥物，而是只需要避開麩質食物，所以大藥廠看不到其中有什麼利潤。

羅岱爾晚年把重心轉移到劇本創作，他兒子小羅岱爾接手家族企業。小羅岱爾和父親一樣，到處宣揚和自然合作的農法比較優越，他遇到的反應也和他父親一樣，許多人只是聳聳肩，置之不理。一九七〇年代晚期，小羅岱爾前往華盛頓特區和立法者碰面，希望公共政策能更關注有機農業。他得到的反應是「等到有研究證實這是比較好甚至可行的作法，你再回來」。於是小羅岱爾回到賓州庫茲鎮的羅岱爾研究中心，和農藝學家哈伍德一同設計了有機與慣行農法的試驗。這個試驗至今仍在進行，在這類實驗中，這是美國第一個、全球第二個的先驅。

二〇一一年是「農業系統試驗」的三十週年。隔年春天，我從克里夫蘭開車到庫茲鎮和莫耶見面，他一開始就參與試驗，現在是羅岱爾研究中心的農場主管。我們從他的辦公室踩著沉重的腳步走向試驗地，經過園區中央幾堆圓桶狀的堆肥，堆肥像一杯杯巨大的咖啡一樣熱氣騰騰——微生物在進食、工作、繁殖時都會產生許多熱能。試驗地本身看起來不大顯眼（沒種什麼東西），不過有機農法和慣行農法的樣區很顯然都沒有任何地形優勢——同樣一．五公尺寬的兩種長條樣區在三十公尺的土地上交錯出現。

有機的長條樣區採用有機農法的三種基本工具：用上好的堆肥來追肥、休耕時種植固氮的豆科覆蓋作物，以及輪作。輪作背後的理念是如果每年在同一片田裡種植同一種作物，吃那種作物的害蟲也會在那裡住下來。如果每年移動作物，就不用那麼辛苦地對抗疾病和害蟲。莫耶解釋道，良好的有機農業不光是不用合成化學藥劑，更要和生物程序合作，把土壤視為複雜的生物系統。他說：「我們現在不談土壤品質了，我們談的是土壤健康。這感覺像在玩語意學的遊戲，但我覺得很重要。舉個例，我可以有高品質的量表，但沒辦法有健康的量表。」

農業系統試驗和美國農業部及其他科學家密切合作，激發了許多博士論文和專題論文，莫耶推測有四十篇。這個試驗只比較了玉米和大豆，這是因為美國大約半數的農地都種有這兩種作物，而有機農法如果要對我們的土地、水和農村生計產生龐大的影響，地點就會在玉米田和大豆田。多年來，羅岱爾研究中心改變了試驗的一些面向，使這個試驗能公平地代表現代有機農法和慣行農法之間的差異。舉個例，一九八五年農場法案的保育規定促使慣行農法的許多農民進行免耕農法，這裡便把慣行農法的樣區分成耕耘與免耕兩種，以因應這樣的改變。此外，由於美國現在有九十四％的大豆、七十二％的玉米都經過基因改造，對殺草劑有抗性，或是會產生自己的殺蟲成分，因此這裡的慣行農法樣區也種了這些品種。

回首過去三十年，試驗得到的結果對有機農法是很有力的背書。有機樣區培養了土壤碳，慣行農法樣區則使土壤碳耗竭。經過三年的過渡期，兩種樣區產出的食物量相同，但乾旱的年份例外。接下來，有機樣區的產量就高出三十一％。有機玉米和大豆比傳統作物更能抵抗雜草入侵，這可不是小事，因為抗殺草劑的基改作物噴灑了大量的農達和其他含嘉磷塞的殺草劑，而這種作法進而產生大量抗殺草劑的超級雜草。在最近統計中，這類超級雜草就有一百九十七種。最後，有機系統不需要昂貴的化學藥品就能生產，而且消費者願意花更多錢，利潤幾乎是慣行農法系統的三倍。

嘲笑者會嗤之以鼻，說「當然啦，不然你以為羅岱爾的試驗會證實什麼？」這一類的話，但其實羅岱爾的試驗和許多外部科學家合作，包括康乃爾大學的萊恩、伊利諾大學的萬德，以及美國農業部費城實驗室的道茲。而其他機構的研究也得到同樣的結論。聯合國的一份報告指出：「有機農法和今日的慣行農法一樣，都有潛力保障全球的食物供應，不過有機農法對環境的衝擊更小。」愛荷華的一個研究也發現，玉米和大豆的有機系統生產的食物，相當於慣行系統過去十二年來的產量。明尼蘇達大學的一個研究顯示，使用基改作物的農民在十四年間賺的錢比較少，原因是種子以及設計來搭配使用的化學藥劑並不便宜，縮減了獲利空間。

這一切都讓人想問：為什麼這些事我們都不知道？這些人的本意是施行高知識、低科技、珍惜土壤的農法，為何不是被視為懷舊的反科技分子，就是被當成農業菁英，一心只想賣精品食物給負擔得起高價的人？為什麼即使是害怕慣行農法的人也覺得如果我們在二〇五〇年要餵養九十六億人口，這樣的農法是必要之惡？

薩爾瓦多告訴我：「人們把新技術和進步畫上等號，誣害我們是反現代或反進步。我們談起覆蓋作物、整合害蟲管理、多樣性栽培系統和輪作的時候，聽起來很像從前實行的那種農法。但我們納入對生物系統的了解，因此有了精細而明確的進步。只要採用這種方式，我們農業的效率可以突飛猛進，不過當然了，有利可圖的只有農民，以及農民得利之後會直接受益的人。」

也就是我們消費者。

幾年前，我參加了一場食物與科學寫作者的研討會，一系列的講者發表了一系列與食物相關的主題。一位講者的演講題目是「食物與農業的文化戰爭：誰占上風？」我一開始聽得興致勃勃，但是愈聽愈氣。講者問，誰會支持有機農業？接著他回答了自己的問題：經濟學家、科學家或大眾都不會支持，只有波倫和金索夫這樣的文化菁英支持。

聽起來不大對。當時我已經和許多科學家談過，那些科學家對替代農法有興趣，也談到慣行農法以外的其他計畫有多難找到經費。我認識很多想要更健全的食品的普通人，看到農民市集的顧客用社會救濟卡購買有機產品時，我很高興，那樣使用我的稅金，真他媽的太好了。於是那傢伙演講的時候，我上網搜尋了他，然後發現他是孟山都領導階層的顧問。我舉手站起來，把這些事都說了出來。他演講結束之後來找我，跟我說他從來沒收過孟山都的錢。他無償替他們工作，就比較好嗎？

悲傷的現實是，林肯為了創造更好的農業而成立的系統，現在主要是為農商企業服務，而不是他希望幫助的一般農民，以及全國的消費者。而且不論有多少證據證明農業還有其他方法，這些方法不只能停止毀滅我們的環境，也能復原環境，但他們支持的都是農商企業的那一套說法。大規模產業化農業（Big Ag）不只不斷告訴我們，我們需要依循他們的計畫，他們還告訴我們，我們需要更多。

基爾申曼告訴我：「我們的作為仍然本著人類是萬物之靈的文化模因，覺得我們是大腦發達的哺乳類，我們總是可以發展出技術，人定勝天。主流媒體時常問的那個問題：『我們要怎麼養活九十億人？』背後其實有這樣的思維。我們其實認定，我們只需用力一點踩踏板，然後想出新科技來達成。」

九十億張嗷嗷待哺的嘴當然令人憂心，已經有將近十億人沒有足夠的食物，誰希望看到這個數字繼續成長？不過細心的觀察家說，這景象其實只是農商企業為了恐嚇我們支持他們的計畫而捏造、使用的幌子。依據千禧年研究所的計算，我們栽培的食物已經足以供應九十億人。全球的農業目前為地球上的男女老幼生產每人四千六百大卡的食物，而我們只需要一半的熱量就能活得很好。所以問題不是生產，而是分配。

赫倫這位農業學家是千禧年研究所的所長兼執行長，也是聯合國「十字路口的農業」這份全球報告的編輯之一，他說：「食物在進入零售之後，損失非常嚴重。已開發國家的人購買食物以後會拋棄三十％以上。食物的價格太低，他們根本不珍惜。」

農業系統試驗和幾乎已經拋棄慣行化學農法的農民挑戰了龐大的既得利益，甚至困在慣行農法中的農民也是因為在現有的系統裡投資了太多，所以才抗拒再生農業的那一套說法。一九七〇年代，尼克森和福特總統時期的美國農業部部長布茲到美國各地巡迴，鼓勵農民借款，擴大事業，為全球市場生產產品。布茲有兩項最著名的呼籲，「把柵欄和柵欄之間種滿植物」，以及「不擴大，就滾開！」於是農民採納農業部和學者強迫他們接受的建議，犁開更多土地，買進昂貴的機具。當我們看到一輛曳引機壓過一片田的時候，要知道光是那輛機具就是將近五十萬美元的投資，而且費用是在短期的收益之後收取。

基爾中曼跟我說：「在那樣的處境，妳會怎麼做？妳會盡一切的可能，讓現有的系統繼續運作，因為妳已經六十多歲了，那是妳投資的東西。」

傑克森是北愛荷華大學的演化生物學家，她把布茲的變革造成的農業形容成壟斷企業的龐大露天工廠橫跨了美國中西部。你開車開了六小時，可能只看到玉米和大豆，在這些一年生作物種植之前、收成之後（大約有九個月的時間），大地裸露，任憑風吹日曬雨淋。這是農業，但我們不吃這種農業生產的東西。這些玉米和大豆是商品，用來餵食飼育場裡的牛和其他動物，或是供應給製造商，製成高果糖玉米糖漿和其他食品添加物，或是提供原料給乙醇生產者。

傑克森認為，慣行農法的農民對這種農法忠心耿耿，其實是斯德哥爾摩症候群的表現。她在一場演講裡說：「如果你被關起來，把關著你的人視為朋友和盟友，而忽略對方真正的身分是綁架犯，你就是患了斯德哥爾摩症候群。你必須服從綁架犯的要求，你在這樣的壓力下忘了自己是誰，忘了誰是你真正的朋友，忘了自己的家人⋯⋯我們的玉米和豆類高耗能系統是綁架犯，不是我們的朋友，即使我們目前就只有這種系統，我們可能必須和這種系統為伍，那還是綁架犯。」

農商企業這三十年來的集中與整合，包括肉品包裝、種子與化學藥劑、穀物處理與運送、農場設備、肥料、零售食物，已經把農民的機會篩選到只剩少數幾種。種子產業是很好的例子。愛荷華州立大學的農業與經濟名譽教授哈爾在寫給司法部的簡報中建議對種子與農業化學產業發起反壟斷行動。

在一九七〇年代，農民有三百家玉米供應商可以選，這些供應商的競爭使得種子價格維持在可以負擔的範圍。但隨著農業生物科技和實驗室操作遺傳物質的興起，這種情況改變了。美國專利局從前不曾支持生命形態的專利，當有人為吃外洩石油的微生物申請專利時，專利局否決了。但美國關稅與專利上訴法院駁回這個案件，而最高法院在一九八〇年支持這個判決，在戴蒙德控告查克拉巴蒂一案中判定生命形態可以取得專利。二十年剛過，最高法院判決種子也可以取得專利。農民有史以來第一次被禁止保存這些專利生物科技作物的種子，於是隔年播種時就得再重買一次。

要用科技創造這些新的生物改良種子，花費極為昂貴，因此種子供應商銳減，最後只剩幾家負擔得起的大公司。現在，孟山都直接控制了三十％到四十％的市場，以設計來抵抗殺蟲劑的耐農達基改種子為例，這種作物就需要孟山都生產的大量化學藥劑，才能表現得跟孟山都宣傳的一樣好。哈爾估計，由於孟山都也把生物科技性狀賣給競爭者，因此實際上影響了九十％的玉米和大豆種子價格。孟山都掌控了市場，也難怪農民購買的種子價格暴漲，一九九九到二〇一〇年，價格就提高了一五〇％。有些農民能夠吸收這麼高的成本，但許多邊緣生產者被迫退出農業。

哈爾是反農商企業壟斷行動的頑強支持者，不過他並不樂觀，他認為少了消費者的壓力，政府就不會去對付那些控制我們食物的壟斷企業。他告訴我：「每次華盛頓有人想處理這個問題，就會扯上一大堆錢，承受龐大的壓力。那樣的壓力會化為這類的訊息：『聽著，你再讓這件事發展下去，我們就不會那麼支持你的競選活動了。』情況嚴重到消費者都站起來出聲的時候，我們的反壟斷才會進入新時代。」

牽涉的金額有多高？依據「回應政治研究中心」的報告，過去二十年來，農業部門在美國的政治活動投入了四億八千零五十萬美元。二〇〇九年，農業部門花了一億三千三百萬遊說議員，幾乎和那年美國國防承包商的遊說費一樣高，不過遠低於二〇〇八年能源部門不甘願地撥出的三億八千五百九十萬美元。

政府不只不會對付大規模產業化農業，還用我們的稅金來支持農業和農商企業製造的毀滅性農業。我剛開始和柯林斯聯絡時，他在一次談話中告訴我：「付錢給農民去破壞他們潛在的資源，這實在是最荒唐的建立文明的方式。」他的意思是，我們納稅人透過農場法案（在大蕭條之後經過各種重新草擬，一九七三年之後每五年修訂一次），獎勵農民採用讓土壤耗竭的農法，而這每年要花九百五十億美元。美國農業政策太過複雜，我花了點時間才明白其中的機制。說真的，我想找一本《白痴也看得懂的農場法案》來破解給我看。幸好我發現了「豐收公共媒體」的網站，這網站提出「食物、燃料與農田」相關的報告，有篇麥斯特森的文章清楚地解釋了政府補助農民的歷史與現況。

美國政府發給農民的補助一直到一九九六年才取消。這項措施始於大蕭條時期，在生產過剩導致食物價格下跌、農民收入銳減時，用這項措施幫助農民繼續待在這一行。補助金資助農民休耕一些田，以免供應過剩。政府也會收購過剩的穀物，儲藏起來在需要時釋出。

一九九〇年代中期，穀物價格高昂，一九九六年的農場法案制定者因而宣布一些條款，之後補助就依條款逐漸減少，最後完全取消。但價格再度下跌的時候，政府又迅速擬訂新的方案，把農民留在這一行。有個方案是不論市場狀況如何，都依農民耕作的面積直接給農民錢。另一個計畫是每次價格下跌就自動送一張支票給農民。補助不斷攀升。美國農民的收入超乎以往，從一九九九年到二〇〇一年，每年得到二百億美元。

由於栽種的面積愈大，政府給的支票金額就愈高，因此這些政府方案的後果是農民種植更多作物。「國家永續農業聯盟」的赫夫納告訴麥斯特森：「我想，實際結果是農場整合、集中，以及新農民的創業機會減少。農場變大、數量減少有許多原因，科技顯然扮演了重要的角色，但政策絕對也推了一把。」

這些政府方案的原意是幫助所有農民，卻時常不成比例地幫了很富有的農民，也就是擁有廣大的田地，生產玉米、大豆、小麥、棉花和稻米這五種主要經濟作物的農民。麥斯特森的文章寫道：「環境工作小組分析美國農業部的數字，發現一九九五年到二〇一〇年之間有四分之三的農場補助金給了受補助的前百分之十的農民。依據二

○○七年的資料，約有六十二%的美國農民沒得到任何補助。」這些農民之中，有許多人栽培的是水果、蔬菜和堅果，這些作物不在補助之列。說來諷刺，他們生產的是我們真正會吃的食物，而不是進入巨大的農業加工處理系統，最後大部分成為不能吃的產品。有些生產經濟作物的農民甚至也因為耕作的土地在補助計畫設立時沒標在地圖上而沒得到補助。

一九六六年的農場法案有另外兩大改變。一是農民要購買農作物保險（受政府大量補助），才有資格接受農業給付，其次，不需要採用慣行農法也可以加入保險。大批農民迅速加入農作物保險。農民經由保險理賠得到的聯邦援助幾乎和直接拿到的錢一樣多。二○一二年付給農民的總金額是二百零四億五千萬美元。

數字雖然大，但這數字看不出工業化農業背後稅金的完整流動。二○○四年愛荷華州立大學農業經濟學家杜菲和泰麥爾的一個研究顯示，政府為緩和工業化農業對環境的損害，每年另外花費五十到六十億元，而現在的代價很可能提高不少。薩爾瓦多告訴我：「工業化農業毫不考慮對土壤的破壞、我們耗盡化石燃料和礦藏的方式，以及地下水耗竭的問題，因此只在經濟上站得住腳。」

二○○八年美國爆發金融危機，政府還把稅金挹注給那麼多收入已經很寬裕的農民，令人反感。不過聯邦的農作物保險繼續盡一切可能支持慣行農法，對其他替代農法的支持仍然很少。農民種的若是耐農達的種子，或其他基因改造的種子，付的農作物保險費率比較低，因為這些作物的風險被認為比非基改作物還要小。另一方面，如果他們用有機農法，保險費率就會提高。而種植覆蓋作物的農民在某些情況下甚至可能被農作物保險拒保（覆蓋作物！）。像布朗這樣種植混合作物的農民（例如把苜蓿和燕麥種在一起），完全被排除在這方案之外。布朗跟我說：「我省下化石燃料和肥料，改善了土壤健康，卻因此受到懲罰。政府完全不明白自然怎麼運作。」

愛荷華州立大學的名譽社會學家芙羅拉說：「如果我們停止農作物保險，系統可能會發生許多改變。農業確實是高風險產業，但保險讓你可以放手做任何事。既然為農作歉收和價格下滑保了險，何必要做任何和現在不同的事？做了那些事，就**得不到**農作物保險了。換作別的情況，降低風險的策略可能是提高作物的多樣性，或採取更有系統的措施，而不是只是說政府會替我擔保。」

林肯自豪地簽署成立的贈地大學也因為企業資金大量湧入而妥協了。這些公家機構包括我們最大、最著名的一些學習中心，例如哥倫比亞大學系統、賓州州立大學，以及德州農工大學。一九七〇年代起，聯邦與州政府對這些機構的支持（支付研究與運作開銷）開始縮減，只是一九八〇年代曾有短暫復甦。農商企業積極補足了這個缺口。

贈地大學出現財務困難，這也直接衝擊了農民和牧人。美國農業部持續削減農業推廣部的經費，而這些經費原本是用來把大學的研究成果經由訓練和教材傳給農業家。農民從前會帶著問題去找這些推廣部職員，而職員根據最新的研究提供建議。不過推廣部職員逐漸減少，農民沒什麼選擇，只好向農藝學家和駐守穀倉的人求助，然後在穀倉買下種子和化學藥劑。

葛瑞芬是愛荷華的農民，他飼養牛、豬、雞、火雞和羊，完全不用抗生素和荷爾蒙。他說：「一九八〇年代那時候，推廣人員把穀倉的人訓練成他們在地面上的眼睛，但他們現在只有魔法藥劑可以解決你的問題。問題都用化學方法解決。從前我們可以從贈地大學那裡得到更多知識，現在不行了。」

不過二〇一二年食物與水觀察組織發出一份調查報告，指出那樣的知識也已經不可靠。「一九九〇年代早期，贈地大學農業研究從產業得到的經費超過農業部提撥的預算。二〇〇九年，企業、同業公會和基金會投資了八億二千二百萬在農業研究與贈地學校上，相較之下，農業部的經費只有六億四千五百萬（這是做過通膨調整的二〇一〇年幣值）……企業贊助的研究成功地讓贈地大學變成承包商，他們的研究力不再為公共利益服務。」

聯邦基金的研究經費變少了，贈地大學的教授又必須進行研究、發表結果（這決定了薪水和終身職），因此贊助費往哪裡走，他們就必須往哪走，也就是走向私營機構。當然了，他們真正有興趣的研究未必能得到贊助。他們的研究必須反映企業的計畫，才能贏得企業贊助。因此，支持那位學者、全體學生和那所大學的稅金就造福了贊助者。奧本大學的經濟學家泰勒研究的是農商企業的結構和集中的情形，他告訴我：「比方說，企業提供我十萬美元做田野試驗，我大部分的薪水還是來自納稅人，不過我把所有的精力都投入那十萬美元的計畫了。這樣其實是用模糊的方式挪用稅金，把稅金變成企業補助。」

在二〇〇五年的一場調查中，加入調查的贈地學校農業科學家有將近半數接受私營機構的研究經費。這會產生一些問題，其中一個就是所謂的贊助者效應。研究顯示，產業贊助的研究很可能會得到該產業偏好的結論。發表這些研究結果的期刊通常不要求研究者透露經費來源，而政策制定者和調整者卻常受這些研究影響。

我和「食物與水觀察組織」報告的首席研究員施瓦布談話時，他說美國農業部的研究機構（農業研究署）和贈地大學都無法進行我們需要的獨立農業研究。他說：「若你要尋找基改作物的安全性或環境衝擊研究，會發現我們的大學在這方面做的不多。農業研究署應該採取行動，做真正必要的堅實研究，但他們卻沒有。」

施瓦布用最近的一場混戰證明他的論點。法國分子生物學家席哈理倪發表了一個二〇一二年的研究，研究對象是孟山都基改玉米和用在這種玉米上的農達殺草劑，結果顯示有重大的健康隱憂。惡意批評者，甚至科學新聞工作者都說席哈理倪受到意識形態影響，而且贊助的機構對基因工程有成見（一個工業化農業的批評者甚至告訴我，席哈理倪利用老鼠家系和樣本大小得到他想要的結果）。施瓦布告訴我，科學新聞工作者一再忽略相反的狀況：大部分顯示基改種子安全無虞的研究，都是由產業贊助。施瓦布說：「席哈理倪研究的那種玉米，在科學文獻中顯得既安全又有效。但是我找到的所有研究，都是由孟山都執行或贊助。」

食物與水觀察組織的報告顯示，企業對贈地大學的影響遠遠不止於贊助研究。農商企業用捐款在校園宣揚公司品牌。一百萬元的捐款讓愛荷華州立大學成立孟山都學生服務部，二十萬元的捐款讓伊利諾大學成立孟山都多媒體工作室，以及普渡大學名為康尼格拉和克羅格的研究實驗室。有些大學把學術研究委員會的席位賣給企業，例如付二萬元就可以在喬治亞大學食物安全中心顧問委員會拿到幾個企業贊助者席位，並透過委員會影響研究方向，嘉吉企業、康尼格拉食品公司、通用磨坊、聯合利華公司、麥當勞和可口可樂都付了這筆錢。產業也捐數百萬元給系主任室。「憂思科學家聯盟」的薩爾瓦多告訴我：「這份清單長得可笑。最惡名昭彰的是諾華幾乎買下柏克萊的整個自然資源學院❶。」

企業與大學的利益結合在南達柯塔州立大學也很驚人。校長契考恩在二〇〇九年加入孟山都的董事會，第一年得到三十九萬美元。大約同時間，該大學和孟山都子公司 WestBred 聯手控告農民侵害種子專利。這和從前形成強烈對比。從前贈地大學會培育公共種子，讓農民任意使用、儲存、分享。食物與水觀察組織的報告寫道：「大學對農民的訴訟更令人反感的是，南達柯塔州立大學的小麥種子其實是用農民和納稅人的錢研發出來的。」

除非研究員從農業部、國家科學基金會和能源部日益縮減的聯邦經費中贏得補助，否則他們不大可能研究替代農法，也不太可能調查慣行農法的問題。

就連農業部的計畫也偏好慣行農法，那是現有的系統，而且他們得到的大部分資金都是為了改良那個系統，而不是改變系統。即使研究者得到聯邦資金，進行再生農法的實驗，或研究大規模產業化農業的問題，他們也要擔心會不會激怒大學高層，因為大學高層一直處心積慮要企業贊助者繼續施惠。

基爾申曼告訴我：「問題並不是孟山都這樣的公司控制了贈地大學，而是他們一向在暗處。管理者總是保持警覺。」

基爾申曼舉他在愛荷華州立大學一位年輕同事的生涯為例，說明這種企業壓力可能帶來微妙的寒蟬效應。生態學家利伯曼有個實驗進行了九年，他比較了玉米、小麥兩種作物的傳統輪作，和三種與四種作物的輪作，結果發現，農民靠著比較複雜的輪作和更多樣化的作物，可以減少高達九成的肥料用量，殺蟲劑的使用也可以減少將近九成，而且產量相當，農民也得到更多錢。基爾申曼說：「大學有自己的關係系統，會選擇他們要發表什麼結果，而他們從來不曾提過利伯曼的成果，直到美食作家彼特曼發現這件事（他是透過憂思科學家聯盟發現的），並且在《紐約時報》寫了篇文章，大眾才知道。」

❶這五年的合作關係期滿之後沒有延長。——作者注

利伯曼做了另一個研究，探討大草原鹿白足鼠和白足鼠這兩種野鼠的習性。他發現，如果農民不為了春天可以更快播種而在秋天耕耘田地，這兩種野鼠就會吃掉田裡高達七成的雜草種子，大幅減少殺草劑用量。大學的公關系統再一次忽略了利伯曼的成果。

基爾申曼自己的故事則是不那麼含蓄的寒蟬效應（比較像凍死了），事件的導火線是贈地大學裡有人以為他們對工業化農業的指責似乎太過了。基爾申曼是北達柯塔州的哲學家，擁有一千零五十二公頃的有機農場，也是永續農業的國際領袖。二〇〇〇年，他受聘擔任愛荷華州立大學李奧帕德永續農業中心的主任。他上任後不久，就從校外邀請永續農業的領袖一起開會，邀他們讀一九八七年創立該中心的州法令，請他們提出建議，協助中心達成任務。柯林頓總統農業部主管研究、教育、經濟的副部長史道伯直率地說了番話。基爾申曼記得他說：「李奧帕德中心顯然應該是改變的中心。如果你們要當改變的中心，就必須體認到掌權的人不希望改變。對改變有興趣的，都是邊緣人士。」

基爾申曼欣然接受他的警告。他在充滿活力的邊緣人士中發現「愛荷華務實農民」這一類的團體，這是一群比農民平均年齡（五十八歲）還要年輕的人，他們進行實地研究，幫自己和其他人創造更理想的農業。他現在認為他對主流農業組織或許不夠注意。他向我承認：「我並不是老練的政客。」

基爾申曼做了些似乎會招來怨恨的事，例如召開小型豬肉生產者的會議，不是擁有幾百幾千頭豬、生產大宗商品的集中型動物飼養業者，而是家庭規模的經營者，並邀來大學教授和食物工業的代表，討論不同豬肉產品的利基行銷。三十位農民感興趣，基爾申曼幫助他們成立了「豬肉利基市場工作小組」，由李奧帕德中心提供贊助。

基爾申曼致電愛荷華的「豬肉生產者團體」（這個團體代表集中型動物飼養業者），希望在他們的下一次董事會中和他們談話，討論小型生產者的新機會。他說了十五分鐘，結束前董事會的主席拍著桌子吼叫。基爾申曼記得他說：「你和那些想讓我們難看的人沒兩樣！」

基爾申曼認為工業化農業的大玩家對他在李奧帕德中心的領導愈來愈不滿，於是向大學施壓，希望大學做出改變。二〇〇五年，也就是在他上任的第五年，他被解除職務。

不過基爾申曼仍然懷抱希望。豬肉生產者團體先前雖然懷抱敵意，讓基爾申曼丟了李奧帕德中心的職位，至今卻已經和豬肉利基市場工作小組攜手合作了至少十年。基爾申曼除了長期和愛荷華州合作，也參與紐約的「石穀倉食物與農業中心」，該中心每年大約僱用十五到二十個實習生投入永續食物栽培。實習生之後常常到獨立農場工作，然後建立自己的事業。基爾申曼見證了農民新浪潮如何形成，這些農民採用新農法，擁抱複雜的大自然之母，而這波浪潮將席捲土地。

一九七〇年代，我親愛的公婆想出售家族事業。兩人住在卡茨基爾的小鎮，買主來自大城市，在某個階段，我的公公覺得買主想占便宜。他激動地對我和我當時的丈夫說：「他們覺得我們是農夫嗎？」

我穿過農民市集的時候，時常反覆思考這件事。我的公公用「農夫」這個詞來暗示愚蠢，愛荷華州的農人葛瑞芬確實告訴我，施用農達實在太簡單，大可以派猴子去做。不過在市集擺攤的許多年輕農民知道如何把陽光變成蘆筍或紐約客牛排，而且樂於把這些事告訴購物群眾。他們就像搖滾明星。喔，可能更聰明。

第七章

新夥伴

New Bedfellows

二〇一二年二月，我到達戴維斯參加「加州牧地保育聯盟」的研討會，那時已是傍晚，斜射的陽光還夠亮，足以讓我看到城裡行道樹上掛的橙色小球。我心想，好呀，聖誕節的城市布置還留著。然後我發覺那其實是柳橙。我在距離這裡不過九十六公里的地方長大，卻不知怎地忘了加州這個地區的冬末是什麼樣子。

根據海報，這個研討會是為牧人、牧場學者、環保人士和有志保護牧地並保持牧地健康的人而開（牧地大約占加州一半的面積）。牛仔帽幾乎成了當天必備的行頭，但我沒戴，覺得自己像沒穿衣服，不由得擔心各路人馬會開始稱我為「小女士」。（整體來說，這些牧牛人不論男女，態度都很大方親切。）

研討會發起人千方百計要群眾交流，每一餐都指定座位，於是第二天，我發現自己坐的那一桌有位大學的科學家、兩個研究所學生，以及幾個公家機關的人。我左手邊坐了一個「野生動物保衛者」的女士，右手邊那位堪薩斯州來的牧人剛剛發表了他自己的保育工作。有一陣子我只傾聽同桌人士的談話，然後我問了野生動物保衛者的穆森蓋奇和史普爾（那位牧人），他們五年或十年前是否曾經想像過共進午餐。

穆森蓋奇微笑著搖搖頭。

史普爾嚴肅地注視著我，說道：「如果我們十年前坐在同一張桌子旁，應該是隔著桌子面對面，而且應該是有一方控告了另一方。」

我不大驚訝。前一年秋天我參加奎維拉的研討會時，不只聽說學界的農業科學家對土壤健康運動沒什麼興趣，也聽說許多環保人士對這運動的接納程度並不如我預料中那麼熱烈。

奎維拉的講者之一榭爾是「生態農場夥伴」的會長兼執行長，這個組織鼓吹以土地利用提供農村生計、生態系功能，以及多產的農業。她提到一些氣候激進分子對土壤碳積存的想法憂心忡忡，並在之後透過電子郵件和電話為我解釋此一分歧。

榭爾說，自從一九九二年「聯合國氣候變化綱要公約」通過之後，談判者（主要是氣象學者和能源專家）就對藉由土地利用減輕環境變遷的策略有偏見。他們的重點是減少化石燃料排放，讓能源部門轉型。他們不希望那個焦點失焦（即使土地利用造成的溫室氣體排放占所有排放量的三成），而且不了解或不相信農業確實可以把空氣中的碳移走，存在土壤中。

榭爾告訴我：「他們認為土地利用太捉摸不定、太複雜，難以處理，相較之下，能源專家眼中的碳顯得『單純』。」

此外，這些環保人士不信任人們可以依據土壤積存販賣碳權。他們不相信碳可以永久保存在土壤裡，即使可以，他們也不相信那樣不會造成「洩漏」，也就是別的地方會出現更多產生二氧化碳的活動。榭爾說：「他們覺得會徒勞無功，而溫室氣體排放量高的產業也會找到辦法置身事外。對於土地利用業者創造的排放減量和碳積存機會，某些團體還是不樂意充分運用。」

他們的懷疑還可能進一步強化，原因就出在許多農業家懷疑人類活動不是全球暖化的始作俑者，而他們之所以樂意用更好的農法來積存碳，只是因為販賣碳權可以帶來另一種收入。但即使在全球暖化成為終極議題之前，環保人士和農業家頂多也只是小心翼翼地保持距離。

一九九〇年代是衝突最激烈的時候，考古學家懷特那時是美國西南部「山巒協會」的激進分子，他說雙方的衝突源於美國非常早期的保育觀念。懷特告訴我：「牧人和環保人士有世仇。有人在野外設置了詭雷要對付伐木工和木材採集者，有個炸彈被丟進內華達州土地管理局的辦公室。我心想，『天啊，怎麼回事？』我覺得我必須做點事。」

因此，當一位關心保育的牧人加入山巒協會時，他又驚又喜，還跟對方一起成立奎維拉聯盟。奎維拉在農業家和環保人士中間找出「極端中間」的立場，讓兩方都投入教育及利害關係一致的計畫。懷特說，相對於智囊團，這是「實踐」團。

不過懷特本人常常思考這兩個團體之間的鴻溝。兩方雖然都愛土地，要和彼此對話卻極為困難。懷特為奎維拉聯盟的期刊《復原力》寫了一篇論文，追溯美國環境運動的演變階段，指出環境運動在歷史上如何跟以大地為生的人分道揚鑣，以及雙方開始互相尊重、聯手合作的樂觀新趨勢。

懷特寫道，一七八三年起，美國政府的政策是鼓勵一般公民定居在公有地上，利用這些土地來生產，實踐後來稱之為「命運天定說」的偉大理想。這情況在一八九一年開始改變，格蘭特總統在那年把懷俄明州的黃石訂為國家公園。九年之後，國會成立了國家森林保護區系統，保護珍貴的林地不被開發，以在未來派上用場。老羅斯福總統在一九〇七年把這些保護區的面積擴大到兩倍，而在那的四年前，他才剛在佛羅里達州東部的鵜鶘島建立第一個國家野生動物保護區。國家公園管理署在一九一六年成立，轄有三十五座公園和紀念碑，到了一九九〇年代中期，更管轄了四百片以上的土地。第二次世界大戰之後，七千萬公頃的公有牧地納入土地管理局，政府因此擴大了管理的野地面積。

這一切，包括一九七〇年創立環境保護局，以及一九七〇年代的環境法規，懷特稱之為「聯邦主義者」的保育風潮。這風潮隱含著自負的思維，那就是政府需要扮演保護資源的積極角色，甚至也要保護美國典型大地的野性之美。

不過政府原本被視為公有地的慈悲保護者，到了一九六〇和七〇年代，人民對政府角色的看法卻染上了偏見：環保人士氣極敗壞地發現，政府機關允許人民在公有地上牧牛、伐木或開礦。當牧人和其他人想到公有地工作時，也被惹怒了，因為政府會聲稱要維護造訪自然的都市觀光客和環保狂人的利益，並為此限制、控制他們的進出。政府機關沒辦法再那麼有效地管理公有土地，一部分是因為經費縮減，一部分也因為機能逐漸失常，而且抗拒改變。

環保人士和農業家的摩擦跟他們對政府的看法比較沒關係，倒是跟他們與土地的關係比較有關。他們都愛土地，不過原因不同。環保人士覺得公有地（其實也包括其他的野地）最理想的運用方式是不干擾、不開發，健行步道和獨木舟出租處等休憩設施或許例外。農業家顯然想要在土地上工作。農業的工業化始於二十世紀中期，幾乎也在同一段時間愈演愈烈。許多小農場倒閉，把土地賣給財力較雄厚的鄰居，那些鄰居則聽從政府和學者的勸告，繼續擴張。環保人士公正地指出環境劣化發生在超級農場成形、下游衝擊變得顯而易見的時候，不過對許多努力保住土地、留在這一行的農民和牧人而言，環境倫理似乎是太奢侈的事。

懷特也曾經是激進分子，很熟悉環保人士的短淺目光。他在論文中指出，環保人士不顧農村人民生計，會造成幾個問題。他們提出的觀光與遊憩經濟發展計畫其實有預料之外的負面效應，包括交通擁擠、汙染，以及城市往遠郊蔓延。而且他們失去了李奧帕德所謂的「土壤在我們腳趾頭之間」的感覺，懷特把這句話解讀為「人對土地實際運作的深入了解」。李奧帕德是一九四〇年代的環保主義支持者，他總是堅持人類與人類的經濟活動是環境的一部分。懷特引述李奧帕德在一九三五年的演講：「世上只有一體的土壤、一體的植物、一體的動物，還有一體的人類，因此只有一個保育問題，也就是土地病理學。」「經濟和土地美感的利用可以（也必須）整合，通常是整合到同一片土地上。」

但在一九九〇年代，環保人士奮力拆開二者，而懷特發現自己被夾在正中間。新墨西哥州的爭論很猛烈，環保人士鼓吹禁止公有地上任何形式的伐木，包括收集木柴供家庭使用的傳統——西班牙裔村落數百年來都一直這麼做。懷特說：「他們真的對農村人民採取嚴厲的行動。西裔社群有點抓狂，這也難怪，在他們眼裡，這是種族歧視。村民一度把兩個環保名人的肖像吊起來。」

一九九六年，山巒協會把一份公投案傳給成員，呼籲停止在公有地砍伐，後來這份公投通過了。一份禁止在公有地放牧的公投案也差一點通過。懷特投入環保已經很久了，但他有人類學的背景，看待這場衝突的方式更有知識依據。他說：「我從學校畢業後，對於人類、文明和歷史如何影響土地，想了很多。任何考古學家都可以告訴妳，過去的文明對環境有利也有害。缺乏歷史觀，就不可能成為優秀的保育人士。不幸的是，許多保育人士不這麼認為。」

懷特說得沒錯。某天他打開報紙，發現自己被一位環保夥伴指控為考古學者，彷彿那是恥辱的印記。懷特說：「他的意思是，我對文化、歷史和人有興趣，但他只對環境有興趣。我對這運動的許多不滿，就是由此而來。」

現在，懷特覺得中堅守舊派的環保人士和農業家（也就是從來沒想過和彼此合作的那些人）愈來愈沒有交集。他說：「我們其他人已經繼續前進了。我們努力讓地方的食物系統運作，試圖讓碳進入土壤，思考再生能源，諸如此類的。這個大團體（我稱為『二十一世紀的保育人士』）有許多事要思考。」

這些保育人士包括鄉下人與都市人，也包括農業家，以及跟農業的唯一關係是要選什麼當晚餐的人，還有替政府組織和環境團體工作的人。他們有不少共通點，但常常缺乏共通的語言。氣候變遷相關的措辭十分激烈，而且十分政治化。共和黨員習慣用負責的方式談論氣候變遷，但化石燃料工業資金充裕，發動了活動矢口否認氣候變遷。以支持環保出名的一些共和黨員說，高爾進入一個沒有政治勢力涉足的領域，但是他的黨派色彩濃厚，保守派很容易對他提倡的任何事嗤之以鼻。由於大部分的農民和牧人都非常保守，環境激進分子必須謹慎地選擇措辭，才能和他們維持友善的關係。

諾姆森是「雉雞永存」和「鵪鶉永存」政府事務的副主席，他發現，鳥兒不飛走，並不代表飛不了。

諾姆森在愛荷華州長大，那裡曾經有超過一百二十一萬公頃的大草原溼地，其間散布著各種農地。現在，玉米和大豆的慣行農法占據了那片地域，溼地只剩一萬二千一百公頃，造成的後果之一是諾姆森和其他獵人珍視的獵禽失去棲地。這些曾經天然的景觀消失了，他從此成為環保人士，從一九八〇年代晚期開始，力求每一次的聯邦農場法案都顧及保育。

二〇〇九年，諾姆森替雉雞永存的電子報寫了一篇文章，標題是〈全球氣候變遷對獵人與獵物的必然影響〉。他詳細說明地景中令獵人揪心的變化：溫度上升，雉雞掠食者的活動範圍因此擴大了，羊茅這類入侵種取代了本土的暖季草及冷季草，而這些草原本會吸引在地上築巢的鳥類。諾姆森寫道：「如果你是一顆雉雞蛋，即使溫度只提高一、兩度，或是築巢地點的草有點改變，都會深切影響你的孵化率。築巢地點的微氣候改變加上更極端的氣候模式，會使母雉雞成功孵出一窩蛋的機率變得更難測。」

諾姆森在文末試圖動員獵人會員，他指出，他們一向追求的棲地保育可以減輕大氣中二氧化碳過剩的問題，並且把碳積存到土壤和植物中。他寫道：「如果因為全球氣候變遷，而需要靠著種植草木和溼地復育來除掉空氣中的碳，那麼『雉雞永存』在全球氣候變遷這一行已經有二十六年以上的資歷了。」

這可不是他們想聽的！這篇文章得到的會員回應超過諾姆森從前發表的任何文章，而且九十八％都是負面回應。他告訴我：「我們有許多戶外運動家的價值觀和思考都非常保守，這領域顯然需要一些額外的教育。」

話說回來，談到實地的工作（農場、牧場、野地和公園的工作），減緩氣候變遷的辦法，和提高農地利用的生產力、改善水質與空氣品質、使野生動物棲地變得更富饒等方法，其實頗為一致。許許多多的環境組織，從野生動物保衛者協會到環境保衛基金、綠色和平，現在都正和農業家合作，培養富含碳的健康土壤。他們只是不談全球暖化，全球暖化在某些圈子已經成了佛地魔，是「不能說出名字的人」。

這些合作關係之所以行得通，是因為環保人士沒有走到鄉野，指著那裡的人說：「我們的水道受到汙染，問題在你們。」好吧，有時他們確實會說類似的話，不過不再抱著往日的敵意。舉個例，美國自然保護協會的李希特就和各類夥伴合作，降低來自農地的肥料和沉積物中的磷，以免這些磷繼續汙染威斯康辛州的水道。州政府曾經討論立法要求農民在農地和溪流之間設置緩衝區，但決定不用懲罰，而用獎勵的方式。

李希特和科學家合作，精確指出集水區每位農民的耕田釋出多少磷，然後找他們討論。他會提供一些解決問題的建議，例如種植覆蓋作物、採用免耕農法、改變肥料的使用方式等等，並且提議要協助他們得到聯邦的保育金，在二至三年的期間完成變革。

李希特對我說：「他們有些人其實已經想嘗試其中的一些農法，但這種辦法必須對他們有效。他們想要培養那些土壤，讓土壤留在他們的土地上。我們利用這個計畫展示我們可以有這些討論，然後做出改變。」

我和李希特談的時候，他正在和十位農人合作，這些農人的耕田流出最多磷和沉積物到佩卡托尼卡河中。九人同意在土地上做些改變，而他和第十人也已約好了要會面。

一九四六年，一群新英格蘭科學家組成了美國自然保護協會。協會最初稱為生態學家聯盟，目的是拯救生物意義珍貴的私人土地。將近四十年中，這組織的首要目標是買下這些土地，加以保育，或賣給聯邦政府保護。到了二〇〇七年，美國自然保護協會在全球保護了四千八百一十六萬公頃的土地，以及數千公里的河流，在美國也協助保護了大約六百萬公頃的土地。

但這種方式忽略了地景劣化的經濟因素，而且未能接納農地利用的概念。協會在一九九〇年買下新墨西哥州歷史性的葛雷牧場，這座牧場被視為美國最重要的生態地景之一，之後狀況就惡化了。協會計畫把這片運作中的放牧地賣給聯邦政府，激怒了當地人。他們抗議這樁買賣，而協會聽取了意見，沒把牧場賣給政府，而是賣給當地的基金會，該基金會的宗旨是運用保育計畫維持牧場的運作。

現在，美國自然保護協會和許多環境組織以及懷特的奎維拉聯盟，都是以同樣「極端中間」的立場運作。正如李希特在威斯康辛的作法，世界各地的環保人士和農民、牧人一起坐下來，討論他們的土地管理難題，尋求能切合環境使命的解決方式。全球各地的意見出現驚人的一致。由這些雙贏的行動來看，似乎可以對未來抱著希望。懷特稱之為「新土地改革」，我們的實際地景和社會地景以一條重要的線串接，此一改革就考慮到了這條線。在這種新的願景中，我們可以和自然合作，修復我們造成的傷害。農民和牧人可以過高尚的好日子。我們都可以吃對我們有益的食物，而不是超市裡缺乏營養、通常有危險卻被當成食物的東西。

自然保育協會在加州持續買地，包括中央谷地沙加緬度河和科森尼斯河沿岸的果園。這裡的河流時常氾濫，流水沖蝕，撕碎了兩岸的果園。對於急著從這些脆弱的土地得到資金去別處投資的農民而言，這是勝利。而由於自然保育協會復育了沙加緬度河沿岸大約二千公頃的土地，在沙加緬度河和果園經營者的化學藥劑之間形成緩衝，讓沙加緬度河蜿蜒流淌，因此對環境整體也是勝利。河岸邊自然產生的侵蝕為灰沙燕提供良好的棲地，這些灰沙燕每年春天會在剛侵蝕的河岸鑽洞築巢。

協會也讓一些果園繼續營運，出租給當地的農民，邀他們進行實驗，用替代方式和化學破壞性較小的方式控制害蟲。協會希望幫助農民除去的化學藥劑是大利松，這種殺蟲劑會攻擊神經系統，使魚類無法正確地導航。協會的果園裡，李子農想出如何用費洛蒙這種昆蟲的性荷爾蒙干擾交配。農民把費洛蒙注入細長的塑膠管中，固定在樹枝上，讓果園充斥交配的訊號，混淆害蟲，讓雄蟲與雌蟲更難找到彼此。害蟲無法繁殖，對果園的危害就變小了。自然保育協會和農民進行監測，舉辦戶外活動，最後得到政府的整合害蟲管理獎勵。還有另一個贏家：吃這些水果和魚的人，我們要擔心的危險藥劑少了一樣。

自然保育協會在加州各處也花了不少心血在固氮覆蓋作物上。他們的試驗地讓許多果園經營者相信，這種農法不只提供氮給他們的樹，也能改善他們的土壤和土壤保水能力，替他們省下灌溉支出。加州長期缺水，有三成的水依賴山區積雪（而氣候暖化之後，山區積雪的未來變得很不確定），對這樣的一個州而言，任何可以幫助農業家減少逕流、讓土壤保水的辦法，都是極大的恩賜。齊勒克是自然保育協會區理事，本身也是橘農，他說：「在葡萄園裡，覆蓋作物真的很受歡迎。許多人其實用的是有機農法，但不想承認，葡萄酒業在有機這一塊太弱了。」

自然保育協會和其他環境團體也在處理稻業的相關問題，稻田在加州占據了二十萬公頃以上的土地，在阿肯色州、路易斯安納州、密蘇里州、密西西比州和德州占了一百萬公頃以上。農民從前除去稻田殘株的方式是燒燬——內華達山脈山麓丘陵始於奧羅維爾，我記得我從我們在奧羅維爾的房子俯望沙加緬度河谷，看到谷地上籠罩著厚厚一層煙霧。我記得煙霧帶有淡淡的甜味。不過如果你離焚燒處很近，飄著煙灰的空氣會造成呼吸系統問題，於是二〇〇〇年當局禁止燃燒殘株。農民現在收割之後會在田中放水，讓殘株在水裡分解。

那樣波光粼粼的水出現在自然保護協會的稻田之後，居然成為候鳥沿著太平洋遷徙路線前進的路標。大量的鳥類在加拿大、阿拉斯加和美國北部度過夏天，牠們一向沿著祖先的路徑，在飛往中南美洲時取道加州的中央谷地，許多就留在那裡過冬。不過上一世紀，中央谷地有九十五%的自然溼地消失，鳥類尋找過冬的家園時，就只剩下一點點珍貴的棲地。浸水的稻田成為牠們淡水的新選擇。齊勒克說，牠們因此成長到健全的數量，連白臉彩䴉這樣幾乎絕種的鳥類也是。

鳥對於稻農也有意外的益處。牠們的糞便把細菌帶入田中，產生更多樣化的微生物族群，以及更肥沃而富含氮的土壤。美國自然保護協會現在跟稻農合作，在管理他們的農田時更堅定地把鳥類納入考量，一起實驗針對不同鳥種的不同水深，以及分階段放乾稻田，如此就可以一直留一些水給鳥類，也可以形成泥沼地。

然而，讓殘株在水裡腐爛會產生新問題：這種無氧分解會產生甲烷，而甲烷是比二氧化碳強三十四倍的溫室氣體。這會給稻農帶來麻煩，最少也會成為國家或聯邦嚴格新法規的箭靶。

吸引環境保衛基金的，就是這種兩難。這個組織有三個小組在處理農業議題，以帕克斯特為首的小組做的是科學研究和現場調查，以找出方法從市場面去解決氣候變遷的問題。他們整體的目標是在二〇二〇年從農業和林業減少一億公噸的溫室氣體，那大約是每年美國汽車排放溫室氣體量的四成。

於是，帕克斯特的小組從二〇〇七年開始接觸稻農，研究對農業和環境都有利的解方。環境保衛基金和土壤學家、水文研究員及系統農藝學家合作，發展出六種減少溫室氣體排放的農法，其中有四種能減少殘株、種子與生長中的稻米在溫暖的生長季裡和水接觸的時間，在那段期間，農作會排放最多溫室氣體，而水鳥恰巧已經離開。有些農法能減少作物生長所需的水量——美國有些地區的農民必須用柴油機抽取地下水，那是他們最大的開銷之一，對他們而言，省水就可以省下不少支出。環境保衛基金把這些雙贏的農法打包在一個協議中，之後成為二〇一四年春天加州排放交易方案的一部分。帕克斯特對我說：「生產者現在可以既種植稻米，又抵消溫室氣體。」

帕克斯特的小組正在為一種農法擬定另一項協議，這農法不只能減少排放，也能從空氣中吸收二氧化碳，轉化成碳儲存在土壤中。該農法採用了地球上最古老的一種低科技農業技術，也就是羅馬的老普林尼在他著作中讚揚的堆肥。

英格漢告訴我，堆肥最近的名聲不大好。我很震驚，在我生長的家庭裡，堆肥很崇高，可以用在堆肥上的任何東西——任何東西，都不能丟進垃圾桶。我家的堆肥還不只一堆，客廳外的露臺下有三個堆肥箱，各在分解的不同階段。我喜歡從高高的地方丟下哈蜜瓜皮和胡蘿蔔頭。果皮常常會打中堆肥箱的木頭邊，然後四散。胡蘿蔔頭在堆肥頂交錯散落。蛋殼有時候會被吹到堆肥箱外。

我父母完全不曉得堆肥對花園為何那麼好。兩人就像大部分的人一樣，大概覺得這種（大部分）分解的植物組織是自然的肥料。不過堆肥的機制其實不是這樣運作的。把一層堆肥放在你的土壤上時，基本上是把一個首都的細小生物放到你的院子裡。那裡的所有植物會像都鐸王朝的國王一樣受到服侍，數十億的微生物熱烈地奉獻的磷、氮和其他營養，換取一點兒碳。

不過英格漢說，堆肥也分好堆肥和壞——嗯，姑且也稱之為堆肥吧。壞堆肥通常是廢棄物處理公司用地上修剪物和庭院廢棄物做出來的東西（在波特蘭這裡，還有廚餘），每天早上，大型卡車會運走這些材料。他們之所以製造那些一般稱之為堆肥的糟糕東西，不是為了製成珍貴的土壤改良劑，而是為了減少送去垃圾處理場的垃圾量。英格漢說：「他們想把三公尺高的垃圾減少成六十公分高的垃圾，有時候他們會試著把那東西當作堆肥賣給人。他們不該再把那叫作堆肥。那是腐敗的有機質，會害死你的植物。」

好的堆肥必須用有氧方式分解有機質。最基本的是收集一堆材料，一些木質或乾燥的植物組織（木屑、枯葉，甚至碎報紙），一些綠色的植物組織（草屑），以及少量富含氮的糞肥、豆科植物或堅果，然後堆到大約九十公分高。微生物住在植物組織上、糞肥裡和土壤裡，然後在堆肥裡開始吃簡單的碳，排出稍微比較複雜的碳鏈，並且繁殖。微生物繁殖產生的熱，會讓堆肥變得溫熱——沒錯，如果把手伸進堆肥裡，甚至一堆草屑裡，摸摸熱度，那可是了不得的微生物性行為。

好的堆肥溫度會升到很高，殺死病原菌和雜草種子。不過英格漢說，如果堆肥堆的內部達到攝氏七十一度，就必須攪拌。那些微生物活動都需要氧，如果溫度升高到七十一度以上，表示微生物繁殖得太快，利用氧氣的速率會高於氧氣透進堆肥的速率。在這種情況下，好氧菌會休眠，堆肥變成厭氧菌的天下。英格漢說，這時候得到的就不再是氣味香甜的堆肥，味道不再像可可含量七成的巧克力棒，而是黑黑一堆氣味難聞的所謂堆肥，充滿氨和噁心的無氧副產物。

好的堆肥可以創造奇蹟。柏克萊的土壤學家希爾弗和她的學生在加州海岸尼卡西歐附近二百一十八公頃的牧牛場做了堆肥效力的研究，這個研究屬於「馬林碳計畫」一這個共同研究。他們在土壤撒上一公分深的堆肥，並且監測實驗地三年，觀察土表上下的改變。即使不是科學家，也看得出土表上的改變：草生長得茂密翠綠，草料的產量增加了五成。在地下，希爾弗發現土壤裡的碳含量也大幅增加。整體而言，六個樣區中植物和土裡的碳積存增加了二十五％到七十％，而且這已經扣除了堆肥中的碳。

加州有二千五百五十萬公頃的牧地，希爾弗根據自己的研究，估計如果每公頃的土壤中能額外積存三．四公噸的碳，那麼只要一半的牧地，就能吸收三千八百萬公噸的二氧化碳，將近加州發電廠一年排放量的四成。希爾弗告訴我：「以我們在實驗中看到的來看，三．四公噸其實可行。」

希爾弗和她的學生用都市庭院廢棄物和農業廢棄物（包括糞肥）混合，製成堆肥。把修剪下的樹籬枝葉和枯萎的蒲公英老遠運到一座牧場，再加入牛糞做成堆肥堆。聽起來不大實際，不過參與馬林碳計畫的環境保衛基金相信，像這樣的方式在某些地區可以運作得很好。大城市會產生大量的廚餘和園藝廢棄物，許多大都市周圍環繞著牧地。這些有機廢棄物如果丟在垃圾處理場，會釋出甲烷，但如果從垃圾處理場運走，拿去做成堆肥施放在附近的牧地上，對溫室氣體就可能有顯著的整體影響。帕克斯特和他的小組在加州把這個成果轉成另一個協議，先是讓莫瑞斯的美國碳登錄用在自願市場中，之後也用在加州排放交易方案上。不過這不限於加州。加州有五成的土地是牧地，美國全國則有三分之一。如果堆肥在其他地區，在新墨西哥州、科羅拉多州、亞歷桑納州或蒙大拿州也行得通呢？那樣的話，在牧地撒上堆肥的規模可能極大。

帕克斯特說：「這不是萬靈丹。不是任何地方的任何人都能用，不過會是解決問題的一個辦法。氣候變遷的原因很多，解決的辦法也必須有百百種。」

帕克斯特急忙補充，這一切的努力之所以可行，是一些科學家終於注意到土壤中的生命，開始新一波的努力。他說：「我們最近才真正開始比較了解微生物、植物、水和碳之間的交互作用，有了這些知識，我們才能計算防止或吸收的排放量。」

環境保衛基金看到建立模式和碳補償協議的機會，世界野生動物基金會看到的則是影響供應鏈的機會。世界野生動物基金會有個小組鎖定世界各地影響保育的主要商品，其中一種是牛肉。在美國的主要目標則是大平原區北部，那是世界上少數保持原狀的草原。大平原為大地披上一層草，範圍從密蘇里河到洛磯山，北至薩斯喀徹溫，南至內布拉斯加州的沙丘區。

基金會的尼爾森說：「這些草原是因為放牧社群才得以保持原狀。我們希望看到這些牧人有永續的事業。如果他們過不下去，離開了那片土地，遞補上去的，對保育可能就不那麼有利了。」

公寓和玉米田在這年頭都價格高昂，誘惑著牧人賣掉土地，或用犁翻起他們土裡蓄積幾世紀的碳。因此世界野生動物基金會盡量把焦點放在彌補牧人的方式上，這是為了牧人已經在保護的土壤碳，也是為了他們實行改良農法可以庇護的野生動物。世界野生動物基金會有信心可以做到，因為他們身邊站著全美國最強大的盟友。

也就是我們消費者。

二〇〇〇年代初期，頌揚草飼牛的聲浪開始急速高漲。草是牛隻演化來吃的食物，相較之下，玉米則是牛在現代飼育場和許多酪農場不得不吃的食物。由於吃穀物的牛隻體積增加得比較快，因此大型農場把飼料換成穀物。一個研究顯示，吃草和其他草料的牛增加的重量只有穀飼牛的四分之三。穀飼牛多出的體重會轉換成「康尼格拉」和「國家農場公司」這類企業的額外利潤，代價卻是牛隻的健康。玉米會壓迫牛隻的消化系統，可能導致鼓脹症和其他疾病，嚴重時可能導致肝功能衰竭。

固定吃玉米、住在空間擁擠的飼育場或狹窄的酪農場，這樣的牛很容易得慢性健康不良，於是經營者經常在飼料中加入抗生素。這可能會產生對抗生素有抗藥性的細菌，然後經由牛肉傳給人類，讓我們在生病而需要抗生素治療時變得不堪一擊。

新聞工作者魯賓森著有《飲食革命》和《完美牧場》，她是最早一批提倡把牛放到牧草地上的人。她的網站 Eatwild 收集的研究都以草飼牛和穀飼牛的差異為題。在這些研究中，轉譯基因組研究中心的研究者測試了美國超市的肉，發現將近半數感染了金黃色葡萄球菌，這種細菌和幾種人類的疾病有密切關係。這些肉裡的金黃色葡萄球菌對三類抗生素有抗藥性。轉譯基因組研究中心的網站寫道：「擁擠的工業化農場持續餵動物吃低劑量的抗生素……對經由動物進入人體的抗藥性細菌而言，那裡是最佳溫床。」

另一方面，牧草地飼養的牛隻生產的肉和牛奶，似乎對健康有一些好處。魯賓森回顧科學文獻的研究，指出四種主要的好處。

首先，牧草地飼養的牛可以到處走動，牛肉整體脂肪與熱量含量都比較低。其次，可能更重要的是，放牧牛隻的脂肪品質非常不同，omega-3 脂肪酸的含量是穀飼牛的二到四倍。魯賓森如此寫道，這些脂肪來自牛吃的草（就像野生鮭魚的 omega-3 是來自食物鏈較低層的鮭魚獵物吃的綠藻），「在你體內的所有細胞和系統都扮演重要的角色」，而且有許許多多的健康益處，包括降低多種心臟疾病和癌症的罹患率，憂鬱症、思覺失調、注意力缺失症和阿茲海默氏症的發病率也比較低。

牧草地飼養的牛隻產生的牛肉也含有較高的維生素 E，可能有抗老化的特性，並且能降低罹患心臟病和癌症的風險。牛肉和乳製品也是另一種好脂肪「共軛亞麻油酸」已知的最佳來源。魯賓森寫道：「共軛亞麻油酸可能是我們最有效的一個抗癌辦法。在芬蘭的一個研究中，飲食裡共軛亞麻油酸含量最高的女性罹患乳癌的機率比最低的女性低了六成。從穀飼牛改成草飼牛的牛肉和乳製品，女性就能轉換到風險最低的那一組。」

挑剔的消費者和健康飲食的精神導師開始吵著要草飼牛肉的時候，許多牛肉生產者發現居然有人希望他們回頭用父親和祖父的方法，非常錯愕。奎維拉聯盟的懷特告訴我：「魯賓森是我們早期一場研討會的講者，她的演講引起不少爭議。一位牧人說：『妳不能那樣說飼育場！』往後快轉一下，五年後，他自己也在養草飼牛了。許多保守、倔強的牧人曾經說他們絕對不幹，現在都反悔了。」

草飼牛的生肉和乳品售價較高，農業家因此願意把牲畜放回牧草地上，於是主要源於都市的食物運動也開始協助鄉間綠化。世界野生動物基金會希望這個趨勢有更豐厚的附加獎勵。我和尼爾森談話的時候，這個組織已經在蒙大拿州召開第一場會議，參與者有蒙大拿州規模最大的一些牧場經營者、麥當勞和沃爾瑪這些感受到消費者壓力的零售業者，以及全國牧牛人牛肉協會這樣的大型產業團體。這個會議和之後的會議其實瓦解了從牧場、包裝者和處理者一路到收銀機的零售鏈，目的是為生產全程都達到特定標準的牛肉建立一個認證方案。

財務的報酬通常是環境陣營吸引農業家投靠的誘因，然而思變的人心常會做出意料之外的善行。

我在戴維斯參加的研討會，是由加州牧地保育聯盟主辦。二〇〇五年，意想不到的聯盟一起成立了這個團體。一方是野生動物保衛者協會，他們試圖保護季節性溼地，這是短暫存在的溼地棲地，主要出現在草原中，一般是由春天的逕流和融雪形成，入夏就乾涸。季節性溼地有水的時候是重要的生態系，無法在有魚的水域裡生存的兩棲類和昆蟲就以此為家園，然而加州各處的季節性溼地卻逐漸被推土機推平，開發成住宅。野生動物保衛者協會希望加州的魚類暨野生動物署保護這些脆弱的地區，而這個機構建議他們在放牧社群中尋找盟友。牧人也擔心開發者會把土地價格炒到高得嚇人，把草原逼上死路，威脅他們的整個生活方式。

牛隻難道不會危害脆弱的棲地？這顯然是環保人士普遍的認定，不過美國自然保護協會的科學家馬蒂在二〇〇五年發表的研究卻顯示事實不是如此。馬蒂在三年間觀察到放牧其實會把土地從入侵的植物手中奪回來，讓季節性溼地變得富饒。她比較沒有放牧和持續放牧的草原，發現在沒放牧的季節性溼地上，一年生入侵植物的覆蓋面積高出八十八%，原生植物的覆蓋面積則少了四十七%。沒放牧的情況下，原生植物的物種豐富度下降二十五%，水生昆蟲的多樣性也低了二十八%。整體而言，如果沒有放牧，這些轉瞬即逝的溼地有水的時間會下降五十%到八十%，住在裡面的一些物種因此無法完成生命週期。加州的野生動物保衛者協會計畫主任戴菲諾說：「若沒有科學指出妥善管理的放牧其實有益於我們想保護的植物群落和野生動物，我們（的合作關係）不可能發展下去。」

於是這兩個團體開始小心翼翼踮著腳走向對方。第一次正式的聚會是在加州桑諾一座牧場的烤肉會，參與者包括牧人、野生動物保衛者協會、環境保衛基金、瀕危物種聯盟、加州牧牛人協會、美國林業局等等。牧人庫普曼告訴加州大學戴維斯分校的校刊：「前三十分鐘，看起來像八年級學生的舞會，男孩女孩各站一邊盯著對方。只不過我們當時是環保人士靠著一面牆站著，牧牛人靠著另一面牆。但之後我們終於開始談話，而且知道事情可以成功。」

現在，他們自稱「牛仔靴與勃肯鞋幫」，每年辦一場研討會，探討放牧的環境利益，以及對環境最有利的放牧方式。他們一同把保育款發給傑出的牧人，推動國家與聯邦立法支持保育與牧牛產業。他們的合作關係非常穩固，牧人和環保人士現在甚至可以提出從前會讓他們交惡的議題。戴菲諾對我說：「狼從奧勒岡州進入加州。我們設法和放牧社群談如何處理這個問題，跟他們談這件事很容易，跟我們在懷俄明州、蒙大拿州或愛達荷州的同僚談還比較難。」

堪薩斯州的牧人史普爾告訴我，十年前若要他和野生動物保衛者協會的穆森蓋奇同桌而坐，只有一個可能：有人要控告對方。他這番話不是出於自己的經驗。他是第一代牧人，對環保人士或許沒有祖先流傳下來的懷疑，也從不反對保育。他只是要確認自己會得到報酬。

史普爾說：「我以前是用商品的層次在思考。我擁有東西、我利用東西、我賺錢。如果要我保育，沒問題，不過妳要付我多少錢來保育？我能從中得到什麼好處？」

不過一九九〇年代末，他來到一塊從亞歷桑納州東南部延伸到新墨西哥西南部的三角形土地，在那裡，火災造成的試煉把宿敵變成了同伴。九〇年代早期，林業局不顧地主的反對，緊急撲滅了私有地上延燒兩百零二公頃的野火。林業局有條政策是撲滅所有火災，但牧人和一些科學家認為火是生態系的自然特性，抑制火災會導致灌木占據大部分的草原。放牧社群的領袖先前已經開會討論其他的問題，包括令懷特大為苦惱的公有地放牧爭議。和林業局的衝突使他們了解到，單憑絕不妥協的政策是沒有用的。「馬爾佩邊陲小組」應運而生（名字取自該地區的火山岩），這個開創性的聯盟由牧人、科學家、保育人士、政府機關和憂心忡忡的公民組成。牧人麥當諾是團體的一員，他想出「極端中間」這個名詞，在今日感召、鼓舞了美國各地類似的團體。

在那之後，史普爾改用他所謂的「群落保育」。他說：「一切都屬於群落。我是群落的一部分，妳也是，牛隻也是。空氣、土地、螞蟻、蜥蜴都是。整體概念是用地景的尺度來實踐保育。野生動物和乾淨的空氣不知道牧場的界線在哪裡，也不知道堪薩斯州在哪裡結束，內布拉斯加州從哪裡開始。」

史普爾覺得他最後會從這種觀點中得利——只要田野蓬勃，他的牛就會更健康。

但有時他願意為群落的利益虧點錢。他像他那一區的許多牧人那樣，每年燒掉他的草原，讓他一歲的小公牛有新冒出的草可以吃，他養這些牛九十天之後，就會把牠們送到飼育場。如此一來，他的牛每天可以長一百到一百五十克的肉，九十天之後積少成多，讓他的銀行帳戶多出一筆可觀的金額。

另一方面，燒掉所有的草，去年在舊草間築巢的鳥就會失去棲地。草原鳥類的數量逐漸下降，他懷疑其中有些關聯。於是他改變每年焚燒的方式，交錯留下一塊塊枯草給鳥類。

史普爾對我說：「我的支票簿受到一點衝擊，不過我能承受。健康不只是我支票簿裡的數字，也是坐在籬笆上看著我的那隻剪尾王霸鶲。」

第八章

Heroes of the Underground

地下的英雄

我寫這本書的過程中，不論是和農民、牧人或科學家談話，我都一再注意到，我們在談論我們的世界時，時常少了一種特質。起初我誤以為是快樂，也就是做自己喜愛的工作那種單純的喜悅。

不過不只是這樣。缺少的其實是樂觀。

這是我與土壤健康先知會面的心得，我把這觀察告訴了唐諾文，也就是鋼琴調音師、土壤自學者與土壤碳挑戰的領導者。

他說：「那和最強大的地質力量有關，也就是生命。我們視為物理環境的，其實大多是生物長期創造的結果。還有個想法是，在本身已死去的星球上，生命是脆弱的過客。這兩種想法是不同的典型。」

他說這些話時，我們正坐在他的校車裡。校車停在穿過農場的泥土地上，車蓋上長著草，田野的牧草地生氣勃勃，忙碌的羊隻和牧羊犬傳來隱約的吵雜聲，科瓦利斯農民市集令人期待的熱鬧農產品交易即將展開。我喜歡生命不屈不撓且持續創造的想法，在農民市集，很容易就覺得自己正被這種想法包圍著。

不過回到城市以後呢？

我們常常覺得城市是死亡地帶，是水泥叢林，而我們人類是其中唯一的生命，沿著我們各種交錯的軌道運行著。此外還有因我們而興旺的老鼠、鴿子和蟑螂。不過城市其實也有豐富的生命。紐約市「米爾布魯克卡瑞生態系統研究中心」的微生物生態學家格羅夫曼說，都市地之中只有二成真正不受任何生命影響，其他的八成是自然或半自然。他從一九九八年開始在巴爾的摩的研究站研究土壤和水。國家科學基金會提供資金給二十六個長期生態研究站，巴爾的摩正是其中之一。他說：「都市地區其實有許多植物、動物，也有許多生態功能。都市地區有許多土壤功能。」也就是培養碳，防止氮和磷被沖走。「對我來說，這是非常正向的訊息。」

我其實不需要格羅夫曼告訴我這件事，我從來不覺得城市是無生命地帶。過去的二十年左右，我早上一直沿著相同的路徑遛狗，先是在克里夫蘭，現在則是波特蘭。路程固定至少有兩個好處：我從來不需要思考自己要往哪去，腦袋就可以胡思亂想，而我的腦袋時常胡思亂想，讚歎我周圍的院子、公園、行道樹綠帶和排水溝每天的改變。

不久之前，我才看過橙色的罌粟花在春天綻放、凋謝，然後由粉紅心福祿考接棒。樹木開花結果，有時後代多到樹木無法承受，結果是樹枝斷裂，果實散落，在人行道上被人們踩成帶酒味的一團褐色爛泥。感覺才不過一個月，從人行道裂縫突然冒出頭的雜草就長成樹苗高的向日葵。一塊空盪盪的停車場長滿紫花的甜豌豆、藍花的菊苣，以及野茴香，我的狗一滾過就香噴噴。接著那塊地被整平了，花朵被罐頭和亂丟的塑膠叉子取代。

我滿心好奇，想知道我得到土壤神奇生命的知識後，可以如何運用在都市的環境裡。在克里夫蘭，我和我的狗會經過一些大房子，房子周圍是廣大的造景庭院，一到園藝季節總會傳來惡臭——卡車來噴灑草坪用的化學藥劑了。一下雨，泥水常形成逕流，在人行道留下一層光滑的巧克力。我在那塊討厭的土地上尋找土壤裸露的證據，例如沒覆蓋的花床、種在一圈裸露土壤裡的樹木，以及絞碎、清理乾淨的菜圃。我想像這些裸土裡困苦的土壤生物尖叫著：「救救我！」就像電影《異形奇花》裡那些貪婪的植物。對土壤裡的生物而言，這些不毛的區塊是食物沙漠。

波特蘭沿著許多街道挖了草溝，導入逕流。不過我在大家的花園裡還是看到許多相同的慘狀。另外，波特蘭對砂礫有種令人髮指的愛好，整個行道樹綠帶，甚至整個前院都覆滿石頭。或許是因為植物太麻煩了，或是因為大家覺得砂礫比植物的根更能抵禦侵蝕？

格羅夫曼和其他科學家認真研究都市裡的生態系功能。都市農業的趨勢令他興奮：在克里夫蘭這樣的地方，貸款人失去土地抵押品的贖回權後，農場紛紛冒出，不過從前被人類忽略的那八成土地也令他興奮。他說：「人們管理這些地。我們住在那裡、在那裡工作。如果我們知道這些地方是怎麼運作的，就能改善或改變那樣的能力，達到特定的目標，不論是吸收水，還是用碳儲藏調節氣候。這是用我們的知識達到特定目標的絕佳機會。」

難就難在我們對那八成土地的要求，我們希望都市的花床在範圍明確的小小一塊面積裡塞進種種美麗，我們希望草皮夠耐用，禁得起狗、小孩還有成人帶著各種東西（從嬰兒車到足球）在上面摧殘。一直以來，我們被說服了要達到這些目標，就需要合成化學藥劑和一堆非常耗油的工具。

但正如農業世界推崇先驅和異數，都市世界也一樣。弗萊雪正是其中的一員。他是紐約砲臺公園「市公園保護協會」的園藝主任，以有機方式管理公園十四．六公頃的土地，不使用合成肥料和殺蟲劑。他的工作很嚴苛，他的成果不但必須令大眾滿意，還必須禁得起大眾摧殘。按公園最新的官方計算，這座公園每年有多達一千五百萬的遊客，不過弗萊雪說他們推測現在的遊客人數可能高達二千五百萬，這表示地面受到不少運動鞋和涼鞋衝擊，尤其是在運動場。就連地下鐵的震動也會使土壤壓實的情況惡化。不過弗萊雪和他的員工不用合成化學藥劑，就讓植物茂密迷人。

他們的方式是尊重植物和土壤生物之間古老的協同作用。他們每年測試公園的土壤，檢驗土壤生物的組成。若是有問題的區域，測試的頻率遠比這還頻繁。如果有任何關鍵成員不見蹤影，弗萊雪會用公園的廢棄物質製成不同配方的堆肥和堆肥液，把這些關鍵成員重新帶回土壤中。他強調，他做堆肥並不是為了減少那種廢棄物，或是省下雇人清除廢棄物的費用。他說：「為了把這些東西清掉而做成堆肥是一回事，產生可以供給土壤養分循環的東西，又是另一回事。」

即使土壤裡有大量細菌和真菌在搬運養分，也得有掠食的原生動物和線蟲吞食細菌和真菌，再把那些珍貴養分排泄出來，變成植物可以利用的形態，植物才能取得這些養分。弗萊雪和他的團隊發現他們可以用某些方式處理堆肥，讓這些掠食動物的族群變得更龐大：比較溫暖、乾燥的堆肥能產生大量的線蟲；溫度較低、較溼的堆肥則會讓原生動物的族群欣欣向榮。他們在施肥之前把堆肥和堆肥液放到顯微鏡下，確認裡面有什麼。有了這樣的精準度，他們就可以補充土壤不足的化學物質。

弗萊雪用有機方式管理公園，使植物更健康，土壤也更健康，而且提升了土壤的保水能力。這表示灌溉的需求降低，而且豪雨不會把遊樂場變成池塘。他們改良的健康土壤會迅速吸收水分，把水分留住很長一段時間。

改變緩慢得令人沮喪。說真的，大型都市公園的管理者為什麼不個個都這麼做？不過弗萊雪的影響正在擴散。二〇〇八年，他在哈佛設計研究所擔任一年的洛布基金會會員，幫助哈佛的景觀人員在校園的試驗地施行有機方式。測試極為成功，哈佛現在就用有機方式管理三十四公頃的土地，用試驗地和自助餐廳與學生餐廳的廚餘做堆肥與堆肥液。二〇〇九年，蕾佛在《紐約時報》的一篇文章裡報導了哈佛校園的土壤。那裡的土壤每天有八千人經過，一度壓實到樹木快活不下去。現在土壤健康，土壤結構健全，樹根有充足的空間伸展，吸收水分、氧氣和養分。景觀人員還用當地的堆肥液拯救一座受到葉斑病和蘋果黑星病侵襲的四十年老果園。

弗萊雪協助推動波士頓「蘿絲甘乃迪綠廊」的有機化，現在則協助普林斯頓大學做有機轉型，美國各地的都市景觀管理者或許有了追求有機方式的新動力。格羅夫曼告訴我，許多東部的城市正在制訂樹冠目標（紐約市打算多種一百萬棵樹），原因是樹冠可以讓都市冬暖夏涼、過濾空氣中的汙染，而且還很美！

他說：「樹木有許許多多的生態系功能，城市想要種更多的樹。要達成這個目標，基本上必須了解城市土壤的狀況，了解要如何改善才能讓植物生長。他們不能對土壤過度施肥，否則會造成更多的水汙染和空氣汙染。」

我今天早上散步的時候，經過一片被陽光曬到褪色的綠化帶（幾星期沒下雨了，許多波特蘭人在夏天就這麼讓草坪枯掉），上面種了一株小樹。一塊橢圓形的泥土嵌入細瘦樹幹周圍的草地上，屋主花了點工夫移除了那上頭的所有草，露出的土壤又硬又扁，像塊砧板似的。我的第一個念頭是，那棵樹不太可能活得成。不過格羅夫曼在巴爾的摩的研究讓他得到一些驚人的結論。他跟我說：「我們認定草坪是生物沙漠，其實不然。我們採集了深達一公尺的土心樣本，發現不少看起來很自然的土壤剖面，而不只是壓實的土壤。那裡頭有許多根、許多生物、許多碳，還有超乎我們預期的環境表現。」

我們或許可以在一個街區之外嗅到草坪上化學藥劑的味道，不過這未必表示有很多人在用化學藥劑。格羅夫曼發現，屋主管理草皮的方式並不如我們以為的激烈。他的調查顯示，只有大約半數的屋主會在草坪上施肥，而且施肥的頻率大多不高。

他告訴我：「有些人很守環境倫理，不希望增加環境中的殺蟲劑、肥料和殺草劑。還有一個原因，單純就是懶惰，這麼說是因為沒有更好的講法。人們就是勉強做點事，讓草坪看起來夠漂亮，不要讓鄰居看了礙眼就好。」

化學藥劑用得少了，就不會有某些植物像打了藥一樣拚命生長，還殺死其他植物，於是草坪土壤線的上方與下方都成為多樣性更高的環境。就像在自然界以及管理良好的農場和牧場一樣，這樣的多樣性維繫了植物與土壤生物之間古老而高貴的合作關係：植物從大氣中捕捉二氧化碳，分解成碳，讓土壤生物在地下妥善利用。

美國大約有八成的屋主擁有草坪。既然有那麼多因素在影響我們的世界，我們如何管理自己的草皮，或許看似對整體狀況沒什麼影響，不過我們的草皮或小草皮也能積少成多。草坪是美國最大的灌溉作物，玉米是第二大，而草坪占據的面積是玉米的三倍。我們對都市綠地所做的事確實很重要，不論是我們的院子裡、公園裡，甚至公路分隔島上的綠地。

有五成的屋主不用合成化學藥劑，那麼，他們管理的草坪是否沒那麼好看呢？答案取決於觀看的人。史崔邁特接手伊利諾州皮奧里亞的路希植物園之後，默默改用有機方式。草皮開始長出苜蓿，而路希的遊客眼睛夠利也夠挑剔，於是提出批評。不過史崔邁特很快就說服了他們，他解釋道，苜蓿是豆科植物，有了苜蓿，草皮就可以利用氮，員工就可以不用肥料。讓苜蓿在草之間生長，大眾就不會接觸到合成化學藥劑，還能省下經費，把錢用在其他計畫上。

史崔邁特對我說：「開始改變之後，花費可能變高一點。不過這是在建立長期的土壤生態系統，未來的花費會劇減。」

路希植物園的轉型太成功，史崔邁特現在開班授課，教屋主如何改變他們的院子，讓土壤變健康。他指出，許多看來很新的觀念（例如不用化學藥劑照顧草坪，甚至用集雨桶），其實都是舊有的作法。單一栽培的草坪開始流行之前，苜蓿其實會和草皮的植物一同種植，這樣的景象能讓屋主確定他們的草坪很健康。後來美國人受到景觀化學藥劑公司的行銷影響，才開始覺得草坪看起來應該要像奧古斯塔高爾夫球俱樂部的場地。

史崔邁特說：「我告訴大家，他們又沒有要主辦高爾夫球名人賽。不需要在草坪上澆那麼多水、用那麼多化學藥劑、費那麼多工。就是用不著。」

史崔邁特也指導屋主在院子裡做一些事，讓土壤更健康，而這些事和改革派農民和牧人在土地上培養土壤健康的步驟是一致的。他提議把花床設計成最高的生物多樣性和密度，包括在春天與秋天開花的灌木、多年生草本植物和鱗莖植物，其中混雜了一些一年生和兩年生的植物。他建議塞些豆科植物進去，以增加土壤裡的氮。這一切不同的景觀植物都會用組成稍微不同的碳滲出物（就像英格漢所說的，不同的糕點）

餵養地下的微生物，確保地下也有多樣化的生物欣欣向榮。密植不只能增加滲出物的量，也能保護土壤不受侵蝕，避免碳流失。史崔邁特盡可能用天然植物群落的樣貌來組合植物。他認為，這些植物會長在彼此的附近，可能不只是偶然，而是因為這樣對彼此是有益的，就像不論哪裡的好鄰居都會做的事，只是我們還不知道方式是什麼。

史崔邁特不用殺草劑，而是建議拔草，並且在大面積雜草上覆蓋厚重的「千層麵」堆肥：一層褐色或乾燥的東西（例如枯葉和報紙）、一層綠色的東西（例如割下的草和修剪下的枝葉），交錯相疊，這是阻礙雜草、維持土壤溼度、增加生物活動的簡單辦法。他勸告除草的高度不要矮於六．四公分（砲臺公園最低到七．六公分），以保護草皮植物，阻礙雜草生長。還有，設計菜園的時候，用不著把種子或菜苗種成細長的小排，中間隔著寬寬的裸土！相反的，史崔邁特鼓勵園藝家大量播種：一平方呎、一平方呎地散布種子，而不是播成一排排，如此一來，生長中的植物就能完全覆蓋光禿的土壤。我在我小小的苗圃這麼做過，想要收成的時候，只剪去生長中的細小芝麻菜和羽衣甘藍，把根留在原地，給我地下的微生物畜群收拾。小黃瓜在我的番茄株周圍生根，似乎在番茄的遮蔭下長得很開心。我從來沒把我的蔬菜種得這麼密，但似乎有效，這一盆天然叢林的收成很好。

我用我自己謙卑的方式，努力當地下的英雄。只要照顧好身邊的土地、支持會照顧土壤的農業家、監督會影響世界各地土壤健康的政治風向，我們都可以是地下的英雄。我們必須注意農場法案！那是美國食物政策最重要的縮影，食物如何栽植、農業如何影響大環境，以及這一切的受益者是誰，都會深受農業法案的影響。受益的會是消費者和一般農民，還是農商企業？這讓人更重視社會家關懷社會聯盟、食物與水觀察組織、環境工作小組與國家永續農業聯盟等組織的工作，那讓我們得以了解農場法案和其他食物政策措施背後的爭議，而這些若要靠我們自己去摸清，實在太困難。有了這些知識後，就盡可能採取行動，打電話給我們選出的民意代表、投票、抗議，什麼都好。

我們能和自然合作（以及自然界裡所謂的低科技，只不過複雜與精巧的程度還是超過所有的人類產物），把人類造成大氣超載的二氧化碳拉出來，在土裡善加利用嗎？我們能及時逆轉全球暖化，讓我們的孩子有美好的地球嗎？

有太多聰明的人在為此努力，因此我很樂觀。在我完成最後這一章的時候，唐諾文剛好寄了份簡報給我，那是新墨西哥州立大學永續農業研究中心對新墨西哥桑迪亞國家實驗室所做的介紹，而那或許是目前為止在這主題中最令人興奮的科學知識。

研究始於該大學的分子生物學家強森為美國農業部進行一場實驗，希望能用牛隻糞肥製造低鹽堆肥（牛糞顯然含有鹽分，或許是舐鹽的結果）。強森和他的妻子最後確實研發出低鹽堆肥，不過他其實不確定為什麼鹽分會較低。他研究的假設是，他們用一種特別的「免攪拌」法製造堆肥（製造堆肥時若溫度過高，大多會攪拌，以免變成無氧狀態），這麼一來，真菌群落就能不受干擾、生長旺盛，但同時堆肥又有足夠的氧氣給益菌生長。他認為真菌可能吸收鹽分，保護了植物。

強森接著在一間溫室用辣椒樹測試了低鹽堆肥和其他八種堆肥的表現。他注意到辣椒樹加了他的堆肥之後，生長力加倍。他的工作這時開始變得有趣了。當他解開是哪些因素影響了這些溫室植物之後，發現一般認為植物生長必需的養分都不是最重要的因素，特別是氮、磷、鉀，也就是傳統合成造肥料的主要成分，這些養分自然存在於所有堆肥之中。即使土壤有機質，即土壤中岩石以外的成分，從笨重的植物與動物組織到高度濃縮的腐植酸，也不是主要因素。強森的堆肥裡沒有其他堆肥中的優勢細菌群落，只有平衡的健康真菌與細菌群落，而辣椒之所以能長那麼好，就是因為平衡。由於一般的土壤試驗只檢視土壤的化學性質，而不檢視生物層面，因此不會發現這一點。

強森被激起好奇心，於是和新墨西哥州立大學的昆蟲學家艾靈頓與工程師伊頓合作，把這個研究移到室外的試驗地，在那裡培養了土壤生物，這次是用覆蓋作物。他們沒整地就重新種植，把新作物種在上一季覆蓋作物的殘株之間。兩年之後，土壤有機質躍升了六十七%，土壤的保水力激增了三十%以上，在這麼乾旱的氣候中，這很不得了。最佳樣區產生的綠色物質，是全球生產力最高的生態系的四倍。

強森告訴我：「我們讓大家看到，我們改善了土壤中真菌和細菌這些微生物的群落之後，就能更快種出更多、更好的作物，加進土裡的水更少，而碳積存是錦上添花。」

新墨西哥州立大學的研究顯示，土壤真的能拯救我們，而且比任何人想像得更快。這些樣區因為植物和土壤生物的交互作用而變得非常肥沃，裡頭的植物從大氣中吸收了碳之後，通常會把其中的七十二%輸送到土壤中。更驚人的是，和土壤生物虛弱、受到摧殘的土地比起來，這裡固定在土壤中的碳遠遠比較多。研究者原先以為微生物一增加，就會有更多二氧化碳（來自土壤生物吐出的氣）從土壤中散逸，結果微生物的呼吸率卻下降了。這表示土壤的碳儲藏是以非線性的方式加速。二加二會高達十五或二十。

強森解釋這種現象時，建議把培養土壤碳所需的能量想成讓飛機離地的能量。起先需要投入大量的能量，才能讓飛機升高。但飛機一旦升空，阻力就會降低，於是那東西就一**飛衝天**。同樣地，土壤微生物的族群一旦建立起來，種植作物和培養土壤碳的效率都會提升。

說也奇怪，我們都被灌輸一種觀念：植物只會掠奪，取走土壤中的養分，讓土壤變得更貧瘠。然而只要允許植物和土壤中的同伴合作，植物就是施予者。植物會用碳滲出物餵食細菌和真菌群落，使它們欣欣向榮，而細菌和真菌能從岩床和砂、粉砂、黏土這些顆粒之中吸取礦質養分，因為它們知道（假設這個詞可以用在沒有腦部的生物），它們會因為施予而受益。土壤的掠食生物吞食細菌和真菌之後，這些養分都會釋放到植物附近。資源一定夠，只要人類或其他力量不去擾亂這個系統。

強森和新墨西哥州立大學的研究者得到一個結論，那或許會讓世界各地的氣候激進分子感到難為情。他們對桑迪亞提出了一份報告（報告所屬的計畫是要查出火星的好奇號探測車的碳測量裝置是否可以在地球迅速準確地分析土壤碳），指出「以我們目前在這個系統中觀察到的生物量產生速率，每公頃土地可以捕捉一百一十二公噸的二氧化碳，因此只要不到十一％的全球農地，就足以抵消人為二氧化碳排放。全球隨時有這兩倍面積的土地在休耕」，這表示，全球農地（通常沒在使用的土地）只要有十一％把土壤微生物群落改善到強森和同事在他們的樣區做到的程度，土壤中碳積存的量就會抵消我們目前排放的所有二氧化碳。

這樣的主張令人難以置信。

我問強森：「你不怕說出這種事嗎？你不怕說出來之後，會為石油和天然氣公司解套嗎？還有燒掉森林的人，以及留下龐大碳足跡的所有人？你不怕嗎？」

我彷彿聽到電話那頭的人小心翼翼地聳聳肩。他說：「我完全看不出有任何辦法能像這種方式這麼有效，何況還有那麼多益處。我們太依賴石油和天然氣，短期內不會減少我們的二氧化碳排放，而世上的其他國家渴望我們的生活方式。重點是得到某種現在就有效、全球都可行，而且能顯著減少大氣中二氧化碳的辦法。」

他補充道，在科學上目前還不確定從大氣中移除二氧化碳是否就能扭轉氣候變遷，我們從來沒成功過。即使最理想的模式也可能出錯。他說，雖然這麼說，但不試試藉著培養健康的土壤來達成，就太愚蠢了，因為這樣也能改善植物的生產力，減少我們消耗的水，減少正在耗竭的天然資源用量（例如石油和磷），降低農業對環境的衝擊。回頭來看許多替工業化農業辯護的人提出的問題：我們該如何餵養九十億人？

答案是：我們先餵養我們的微生物吧。

我們似乎有能力減少我們的二氧化碳遺留量。二氧化碳的遺留量不只實際存在，也是心理負擔。這是國家意志與優先順序的問題。我們只能跟植物和土壤微生物合作，才能達成，而植物與土壤微生物早在歷史時期的黎明就已經跳著最奧妙的舞。我們不能一直當那個打斷舞蹈的蠢蛋，不斷把其中一個舞者撞開，還覺得我們能改善他們的舞步和舞姿。這樣的笨拙令我們吃盡苦頭。我們必須退後一步，注意這些舞者需要我們什麼樣的幫忙，然後滿懷敬意地提供幫助。

謝辭

Acknowledgments

身為非專業人士，要著手撰寫這樣一本書，就會落到不停說「請」和「謝謝」的處境。怎麼說都不夠！我永遠感謝我訪問過的人，還有一些我觀察過的人，感謝他們的親切與耐心，以及他們對這主題的熱情。說真的，我不敢相信我居然這麼好運，我和他們談話，還有人付錢給我——他們是傑出勇敢的先驅，大多不畏艱難，向世人揭露一種理解物質世界的新方式。有些做了文書官的工作，幫我把複雜的資訊轉換成敘述，不只在多次訪問中解釋他們的工作，也對我的部分原稿提出評論和糾正，用電子郵件和簡訊回答了數十個後續問題，甚至在三更半夜回覆。這個超級資料來源的萬神殿中有 Carl Bauer、Eliav Bitan、Gabe Brown、Jody Butterfield、Adam Chambers、Abe Collins、Eric T. Fleisher、Jay Fuhrer、Rick Haney、Elaine Ingham、David C. Johnson、Christine Jones、Fred Kirschenmann、Rattan Lal、Craig Leggit、Jonathan Lundgren、Belinda Morris、Kristine Nichols、Ricardo Salvador、Alan Savory、Courtney White、Bob Willis 和 Dawit Zeleke。我也非常感謝 Steve Apfelbaum、Matthew Benz、Valerie Calegari、Mike Callicrate、Wayne Carbone、Jerome Chateau、Cynthia Cory、Dorn Cox、John Crawford、Kim Delfino、Randal Dell、Cornelia Flora、Stuart Grandy、LaVon Griffieon、Peter Groffman、Alan Guebert、Ian Haggerty

和 Di Haggerty、Sharon Hall、Neil Harl、Chuck Hassebrook、Hans Herren、Major General Michael Jeffery、Jenny Kao-Kniffen、Amanda Kimble-Evans、John Klironomos、Chad Kruger、Drake Larsen、Mark Liebig、Kathleen Masterson、David Miller、Jeff Moyer、Jeff Nelson、Bronwyn Nicholas、Dave Nomsen、Martin Nowak、Robert Parkhurst、Himadri Pakrasi、John Reaganold、Debbie Reed、Rob Rex、Marlyn Richter、Steve Richter、Ashley Rood、Dan Rooney、Bob Rutherford、Mike Sands、Sara Scherr、Tim Schwab、Whendee Silver、Johan Six、Mike Small、Bill Sproul、Ryan Stockwell、Fred Stokes、Bob Streitmatter、Robert Taylor、Richard Teague、Reyes Tirado、Luane Todd、Peter Traverse、Diana Wall、Alan Wentz 和 David Zartmann。

很多很多年前，一位作家朋友跟我提起一位她合作過的偉大編輯 Alex Postman，並且介紹我們認識。可惜的是，我一直沒替那份雜誌，或 Alex 任職的任何雜誌想出好構想。她出現在羅岱爾的時候，我激動極了，那時候我大約正好寫出《土壤的救贖》一書的提案！我朋友（嗨，Martha Barnette！）說的對：Alex 是作家渴望的那種編輯，她每次都能讓我的原稿更俐落、更簡潔、更上一層樓，而且永遠開朗，即使我拖延得一塌糊塗也一樣。（我也非常謝謝 Marilyn Hauptly 忍受延宕，並且靈活調整。）

也謝謝羅岱爾傑出的查證小組，讓我免於錯誤和恥辱。我真的把 James Buchanan 寫成 Pat Buchanan 嗎？

另外，我極度感謝我精明幹練的經紀人 Kirsten Neuhaus。我愛所有對土壤中的生命以及土壤與植物的古老合作感到興奮的人，而 Kirsten 立刻了解這件事。她在經濟危機時創業，那時好多人完全放棄了出版業。她鼓舞了我。她不只相信我的書，也相信這個產業！

我很受眷顧，我有許多朋友，其中許多是作家（我有點算無神論者，所以說受眷顧很奇怪，不過相信你懂我的意思）。他們手上有夠多文字工作讓他們忙個不停，不過我一拜託，許多人就花時間讀了部分原稿，告訴我，對於目前還不是土壤怪胎的人來說，那些內容是否能勾起興趣、是否說得通。所以再次謝謝 Jill Adams、Barbara Benson、Bobbi Dempsey、Rachel Dickinson、Charlotte Huff、Mary Grimm、Susan Grimm、Marina Krakovsky、Gwen Moran、Mary Norris、Pam Oldham、Cynthia Ramnarace、Tricia Springstubb 和 Anne Trubek。謝謝 Karen Long 在我寫這本書之前、過程中與完成之後睿智的忠告與鼓勵。最後，謝謝我的第一批讀者Susan Lubell和我的心肝寶貝女兒，Jamie Newell。

延伸閱讀

第一章

Lal R. "Laws of Sustainable Soil Management." ***Agronomy for Sustainable Development*** 29:7–9, 2009.

——. "Ten Tenets of Sustainable Soil Management." ***Journal of Soil and Water Conservation*** 64(1):20A–21A, 2009.

——. "Controlling Greenhouse Gases and Feeding the Globe through Soil Management." University Distinguished Lecture, Ohio State University, Columbus, February 17, 2000.

——. "Carbon Emissions from Farm Operations." ***Environment International*** 30:981–990, 2004.

——. "Managing Soils for Feeding a Global Population of 10 Billion." ***Journal of the Science of Food and Agriculture*** 86(14):2273–2284, 2006.

——. "Potential of Desertification Control to Sequester Carbon and Mitigate the Greenhouse Effect." ***Climatic Change*** 15:35–72, 2001. Weisenburger FP. ***The Passing of the Frontier, 1825–1850.*** The History of the State of Ohio, vol. 3. Columbus: Ohio State Archaeological and Historical Society, 1941.

第二章

Blankenship RE, Raymond J, et al. "Evolution of Photosynthetic Antennas and Reaction Centers." ***PS2001 Proceedings: 12th International Congress on Photosynthesis, PL13***. Melbourne: CSIRO, 2001.

Nowak MA, and Ohtsuki H. "Prevolutionary Dynamics and the Origin of Evolution." ***Proceedings of the National Academy of Sciences of the United States of America*** 105:14924–14927, 2008.

Jones C. "The Back Forty Down Under: Adapting Farming to Climate Variability." ***Quivira Coalition Journal*** 35:11–16, 2010.

——. "Carbon That Counts" Presentation, New England and North West Landcare Adventure, Guyra, New South Wales, March 16–17, 2011.

Wall DH, Bardgett RD, and Kelly E. "Biodiversity in the Dark." ***Nature Geoscience*** 3:297–298, 2010.

Taylor TN. "Fungal Associations in the Terrestrial Paleoecosystem." *Trends in Ecology and Evolution* 5(1):21–25, 1990.

Sugden A, Stone R, et al., eds. "Soils: The Final Frontier." Special issue, *Science* 304(5677):1613–1637, 2004.

第三章

Savory A. *Holistic Management: A New Framework for Decision Making.* With Jody Butterfield. Washington, DC: Island Press, 1999.

Ruddiman WF. *Plows, Plagues, and Petroleum: How Humans Took Control of Climate.* Princeton, NJ: Princeton University Press, 2005.

Savory A, and Lambrechts J. "Holism: The Future of Range Science to Meet Global Challenges." *Grassroots* 12(3):28–47, 2012.

Weber KT, and Gokhale BS. "Effect of Grazing on Soil-Water Content in Semiarid Rangelands of Southeast Idaho." *Journal of Arid Environments* 75(5):464–470, 2011.

Weber KT, and Horst S. "Desertification and Livestock Grazing: The Roles of Sedentarization, Mobility and Rest." *Pastoralism: Research, Policy and Practice* 1:19, 2011.

Ruddiman WF. "Millennia of Agricultural Resilience." The *Geographer* Autumn 2012, 8. http://www.rsgs.org/publications/TheGeographer-Autumn2012.pdf. Hadley CJ. "The Wild Life of Allan Savory." *Range Magazine* Fall 1999, 44–47.

第四章

Sugden A, Stone R, et al., eds. "Soils: The Final Frontier." Special issue, *Science* 304(5677):1613–1637, 2004.

Stockwell R, and Bryant L. *Roadmap to Increased Cover Crop Adoption*. Reston, VA: National Wildlife Federation, 2012.

Stockwell R, and Bitan E. *Future Friendly Farming: Seven Agricultural Practices to Sustain People and the Environment*. Reston, VA: National Wildlife Federation, 2011.

Grogg P. "No-Till Farming Holds the Key to Food Security." Inter Press Service News Agency, February 20, 2013.

World Economic Forum. "What If the World's Soil Runs Out?" Time.com, December 14, 2012. http://world.time.com/2012/12/14/what-if-the- worldssoil-runs-out.

Pollan M. *The Omnivore's Dilemma*. New York: Penguin Press, 2006.

Pokhrel YN, Hanasaki N, et al. "Model Estimates of Sea-Level Change Due to Anthro-pogenic Impacts on Terrestrial Water Storage." *Nature Geoscience* 5:389–392, 2012.

第五章

Zwick S. "The $8 Billion Bargain: How Watershed Payments Save Cities, Support Farms and Combat Climate Change." Forbes.com, January 17, 2013.

"Watershed Payments Topped $8.17 Billion in 2011." EcosystemMarketplace. com, January 17, 2013.

Coalition on Agricultural Greenhouse Gases. ***Carbon and Agriculture: Getting Measurable Results***. Version 1. April 2010.

Chambers AS. "Encouraging Carbon Sequestration on Private Agricultural Lands in the United States." Extended Abstract #35, presented at Greenhouse Gas Strategies in a Changing Climate International Conference of the Air and Waste Management Association, San Francisco, November 16–17, 2011.

National Agricultural Statistics Service, USDA. "U.S. Corn Acreage Up for Fifth Straight Year." June 28, 2013. www.nass.usda.gov/Newsroom/ printable/06_28_13.pdf.

——. ***2007 Census of Agriculture: United States Data***. Washington, DC: USDA, February 4, 2009.

Laskawy T. "USDA Downplays Own Scientist's Research on Ill Effects of Monsanto Herbicide." Grist.org, April 21, 2010. http://grist.org/article/ usda-downplays-own-scientists-research-on-danger-of-roundup.

Kragt ME, Pannell DJ, et al. "Assessing Costs of Soil Carbon Sequestration by Crop-Livestock Farmers in Western Australia." ***Agricultural Systems*** 112:27–37, 2012.

Foley J. "It's Time to Rethink America's Corn System." Ensia.com, March 5, 2013. http://ensia.com/voices/its-time-to-rethink-americas-corn-system.

第六章

Lowe P. "Public Research for Private Interests." Harvest Public Media, December 10, 2012. http://harvestpublicmedia.org/article/1531/publicresearch- private-interests-beef-industry/5.

"FDA Sued for Concealing Records on Arsenic in Poultry Feed." EcoWatch. com, May 13, 2013. http://ecowatch.com/2013/fda-sued-concealingrecords- arsenic-in-poultry-feed.

Food and Water Watch. ***Public Research, Private Gain: Corporate Influence over University Agricultural Research***. Washington, DC: Food and Water Watch, April 2012.

Philpott T. "Why the Government Should Pay Farmers to Plant Cover Crops." MotherJones.com, January 12, 2013.

Jackson LL. "Who 'Designs' the Agricultural Landscape?" ***Landscape Journal*** 27(1):23–40, 2007.

Jackson L. "The Farm as Natural Habitat." Transcript of the 2005 Shivvers Memorial Lecture, Iowa State University, October 19, 2005. www.

leopold.iastate.edu/sites/default/files/pubs-and-papers/2005-10-farmnatural-habitat.pdf.

Reganold JP, Jackson-Smith D, et al. "Transforming U.S. Agriculture." ***Science*** 332(6030):670–671, 2011.

Salvador RJ. "Food Choices: Modernity and the Responsibility of Eaters." GreenFireTimes.com, December 31, 2012. http://greenfiretimes. com/2012/12/food-choices/#.UlQzuhbR2JU.

Mayer A. "Corn Checkoff Keeps Corn at the Fore." Harvest Public Media, April 9, 2013. http://harvestpublicmedia.org/content/corn-checkoffkeeps- corn-fore#.UlQ0vhbR2JU.

Philpott T. "Big Ag Won't Feed the World." MotherJones.com, June 15, 2011. www.motherjones.com/tom-philpott/2011/06/vilsack-usda-big-ag.

Fuglie KO, Heisey PW, et al. ***Research Investments and Market Structure in the Food Processing, Agricultural Input, and Biofuel Industries Worldwide***. Economic Research Report #130. Economic Research Service, US Department of Agriculture, December 2011.

Samsel A, and Seneff S. "Glyphosate's Suppression of the Cytochrome P450 Enzymes and Amino Acid Biosynthesis by the Gut Microbiome: Pathways to Modern Diseases." ***Entropy*** 15(4):1416–1463, 2013.

Callicrate M, and Stokes F. "From Berkeley to Boston: Coming Together around Freedom, Fairness and Food." Organization for Competitive Markets, March 16, 2013. www.competitivemarkets.com/from-berkeleyto- boston.

Rodale Institute. ***The Farming Systems Trial: Celebrating 30 Years***. Kutztown, PA: Rodale Institute, n.d. Greene W. "Guru of the Organic Food Cult." ***New York Times,*** June 6, 1971.

Goldenberg S. "Secret Funding Helped Build Vast Network of Climate Denial Thinktanks." ***Guardian,*** February 14, 2013.

Pepper IL, Gerba CP, et al. "Soil: A Public Health Threat or Savior?" ***Critical Reviews in Environmental Science and Technology*** 39:416–432, 2009.

Pennsylvania Department of Environmental Protection. "J. I. Rodale and the Rodale Family: Celebrating 50 Years as Advocates for Sustainable Agriculture." Environmental Education: Pennsylvania's Environmental Heritage: Pennsylvania's Environmental Leaders: Jerome Rodale. n.d. http://www.portal.state.pa.us/portal/server.pt/community/dep_home/5968.

Harl N. "Commentary on Concentration and Anti-Competitive Practices in the Seed and Chemical Industry." Public hearing, Department of Justice Antitrust Division, Ankeny, Iowa, April 3, 2010.

Robinson C, and Latham J. "The Goodman Affair: Monsanto Targets the Heart of Science." Independent Science News, May 21, 2013. http://independentsciencenews.org/science-media/the-goodman-affairmonsanto-targets-the-heart-of-science.

Heffernan W, and Hendrickson M. ***Consolidation in the Food and Agriculture System***. Report to the National Farmers Union, February 5, 1999. http://www.foodcircles.missouri.edu/whstudy.pdf.

Salatin J. ***Folks, This Ain't Normal: A Farmer's Advice for Happier Hens, Healthier People, and a Better World.*** New York: Center Street, 2011.

Bromfield L. ***Malabar Farm.*** New York: Harper, 1948.

—. ***Pleasant Valley.*** New York: Harper, 1945.

第七章

White C. ***Revolution on the Range: The Rise of a New Ranch in the American West***. Washington, DC: Island Press, 2008.

——. "The Fifth Wave: Agrarianism and the Conservation Response in the American West." ***Resilience*** 37:38–54, January 2012.

Nomsen D. "Global Climate Change's Inevitable Impact on Hunters and Wildlife." PheasantsForever.org, April 17, 2009. [press release]

Gurian-Sherman D. ***Raising the Steaks: Global Warming and Pasture-Raised Beef Production in the United States***. Cambridge, MA: Union of Concerned Scientists, February 2011.

Robinson J. "Health Benefits of Grass-Fed Products." EatWild.com, n.d. www.eatwild.com/healthbenefits.htm.

Clancy K. ***Greener Pastures: How Grass-Fed Beef and Milk Contribute to Healthy Eating***. Cambridge, MA: Union of Concerned Scientists, March 2006.

Nelson D. "Common Ground: Ranchers, Environmentalists and Policymakers Unite to Protect Water Quality on California Rangeland." ***UC Davis Magazine*** 29(4), Summer 2012. http://ucdavismagazine.ucdavis.edu/issues/su12/common_ground.html.

DeLonge MS, Ryals R, and Silver WL. "A Lifecycle Model to Evaluate Carbon Sequestration Potential and Greenhouse Gas Dynamics of Managed Grasslands." ***Ecosystems*** 16:962–979, 2013.

Ryals R, and Silver WL. "Effects of Organic Matter Amendments on Net Primary Productivity and Greenhouse Gas Emissions in Annual Grasslands." ***Ecological Applications*** 23:46–59, 2013.

Marty JT. "Effects of Cattle Grazing on Diversity in Ephemeral Wetlands." ***Conservation Biology*** 19(5): 1626–1632, 2005.

第八章

Koerth-Baker M. "Bloom Town: The Wild Life of American Cities." ***New York Times Magazine,*** December 2, 2012.

"Research Reveals Soil Carbon Capture Potential." ***New Civil Engineer,*** August 16, 2012.

Presentation to Sandia National Laboratories by David C. Johnson, Institute for Sustainable Agricultural Research at New Mexico State University, August 14, 2012.

中英名詞對照

EKO 資產管理夥伴｜ EKO Asset Management Partners
丁班剛貝河｜ Dimbangombe River
《十字路口的農業》｜ Agriculture at a Crossroads
千禧年研究所｜ Millennium Institute
土地病理學｜ Land Pathology
土地管理局｜ Bureau of Land Management
土利圈｜ Tuli Circle
土壤保育法案｜ Soil Conservation Act
土壤保育署｜ Soil Conservation Service
土壤食物網｜ Soil FoodWeb
土壤資源署｜ Agricultural Resource Service
土壤碳挑戰｜ Soil Carbon Challenge
《土壤與人：農業年鑑》｜ Soils and Men: A Yearbook in Agriculture
大利松｜ diazinon
大草原鹿白足鼠｜ prairie deer mouse
大規模產業化農業｜ Big Ag
小羅岱爾｜ Robert Rodale
中央谷地｜ Central Valley
山齒鶉｜ Bobwhite quail
山巒協會｜ Sierra Club
丹尼斯｜ Neil Dennis
太平洋遷徙路線｜ Pacific Flyway
巴克明斯特・富樂挑戰獎｜ Buckminster Fuller Challenge
巴特菲爾｜ Jody Butterfield
《月亮，晚安》｜ Goodnight Moon
牛仔靴與勃肯鞋幫｜ Boots and Birkenstocks Bunch
世界野生動物基金會｜ World Wildlife Fund
世界觀察研究所｜ Worldwatch Institute
加州大學戴維斯分校｜ University of California–Davis
加州牧牛人協會｜ the California Cattlemen's Association
加州排放交易方案｜ California's Cap-and-Trade Program
加州理工州立大學｜ California Polytechnic State University
包爾｜ Carl Bauer
北部大平原研究實驗室｜ Northern Great Plains Research Laboratory
卡倫｜ Doug Karlen
卡茨基爾山｜ Catskill
卡瑞生態系統研究中心｜ Cary Institute of Ecosystem Studies
卡雷格里｜ Ademir Calegari
卡蘭達｜ Guy Stewart Callendar
史密斯｜ Ian Smith
史崔邁特｜ Bob Streitmatter
史莫夫婦｜ Mike and Becky Small
史普爾｜ Bill Sproul
史道伯｜ Karl Stauber
史默茲｜ Jan Smuts
尼卡西歐｜ Nicasio
尼可斯｜ Kristine Nichols

尼爾森｜ Jeff Nelson
市公園保護協會｜ City Parks Conservancy
布坎南｜ James Buchanan
布拉福德｜ Jason Bradford
布朗｜ Gabe Brown
布茲｜ Earl Butz
布魯金斯市｜ Brookings
布羅姆菲爾德｜ Louis Bromfield
〈布羅姆菲爾德怎麼了〉｜ What Became of Louis Bromfield
布蘭森爵士｜ Sir Richard Branson
弗萊雪｜ Eric T. Fleisher
札帕｜ Frank Zappa
札特曼｜ David Zartman
永續農業研究中心｜ Institute for Sustainable Agricultural Research
永續農業與自然資源中心｜ Center for Sustaining Agriculture and Natural Resources，CSANR
瓦贊｜ André Voisin
生之土壤｜ Soils for Life
《生態系統市場》｜ Ecosystem Marketplace
生態農場夥伴｜ EcoAgriculture Partners
生態學家聯盟｜ Ecologist Union
白足鼠｜ white-footed mouse
白臉彩鸛｜ white-faced ibis
皮奧里亞｜ Peoria
石穀倉食物與農業中心｜ Stone Barns Center for Food and Agriculture
伊根｜ Timothy Egan
伊頓｜ Wes Eaton
《全方位管理：決策的新架構》｜ Holistic Management: A New Framework for Decision Making
全國牧牛人牛肉協會｜ National Cattlemen's Beef Association
〈全球氣候變遷對獵人與獵物的必然影響〉｜ Global Climate Change's Inevitable Impact on Hunters and Wildlife
共軛亞麻油酸｜ conjugated linoleic acid
《各位，這不正常》｜ Folks, This Ain't Normal
回應政治研究中心｜ Center for Responsive Politics
《地球》期刊｜ Tellus
多吉薇｜ Dojiwe
多育金雀花｜ tagasaste
安｜ Anne
托雷多｜ Toledo
〈有機食品信仰的精神導師〉｜ Guru of the Organic Food Cult
《有機農業與園藝》｜ Organic Farming and Gardening
朱帝｜ Greg Judy
灰沙燕｜ bank swallow
百子蓮｜ agapanthus
米勒｜ David Miller
米爾布魯克｜ Millbrook
羊茅｜ Festuca
老普林尼｜ Pliny the Elder
老鸛草｜ cranesbill
自然資源生態學實驗室｜ Natural Resource Ecology Lab，NREL
自然資源保育署｜ Natural Resources Conservation Service
艾柯克斯｜ John Acocks
艾瑞克森｜ Erik Eriksson
艾靈頓｜ John Ellington
西北變革管理組織｜ Managing Change Northwest

西塞紫雲英｜ cicer milkvetch
伯利郡｜ Burleigh County
克里夫蘭植物園｜ Cleveland Botanical Garden
克里斯｜ Kris
克里隆諾摩斯｜ John Klironomos
克魯格｜ Chad Kruger
克羅格｜ Kroger
利伯曼｜ Matt Liebmann
《完美牧場》｜ Pasture Perfect
希爾夫婦｜ Allan and Kay Hill
希爾夫婦綠色農業創新獎｜ A. and K. Hill Green Aguiculture Innovation Award
希爾弗｜ Whendee Silver
希羅多德｜ Herodotus
廷得耳｜ John Tyndall
快樂谷｜ Pleasant Valley
旱地解方｜ Dryland Solutions
李希特｜ Steve Richter
李奧帕德永續農業中心｜ Leopold Center for Sustainable Agriculture
杜菲｜ Michael Duffy
沃爾瑪｜ WalMart
沙丘區｜ Sand Hills
沙加緬度｜ Sacramento River
沙加緬度河谷｜ Sacramento Valley
皂湖｜ Soap Lake
貝加｜ Bega
里克特｜ Marlyn Richter
佩卡托尼卡河｜ Pecatonica River
命運天定說｜ Manifest Destiny
坦普爾｜ Temple
奇愛博士｜ Dr. Strangelove
孟山都多媒體工作室｜ Monsanto Multimedia Studio
孟山都學生服務部｜ Monsanto Student Services Wing
帕克・博斯利｜ Parker Bosley
帕克斯特｜ Robert Parkhurst
帕盧斯｜ Palouse
彼特曼｜ Mark Bittman
拉坦・拉爾｜ Rattan Lal
拉塞福｜ Rob Rutherford
林業局｜ Forest Service
河口島村｜ Innisfree Village
法戈｜ Fargo
法蘭克｜ Albert Bernhard Frank
波札那｜ Botswana
波林｜ Bert Bolin
波倫｜ Michael Pollan
波斯菊｜ coreopsis
《牧場雜誌》｜ Range Magazine
空氣品質與大氣變遷小組｜ Air Quality and Atmospheric Change Team
芙羅拉｜ Cornelia Flora
芝加哥氣候交易所｜ Chicago Climate Exchange
金索夫｜ Barbara Kingsolver
金黃色葡萄球菌｜ Staphylococcus aureus
阿瑞尼斯｜ Svante Arrhenius
非洲全方位管理中心｜ Africa Centre for Holistic Management
非洲蘆粟｜ Feterita
保育休耕計畫｜ Conservation Reserve Program
保育創新獎助金｜ Conservation Innovation Grant
保羅｜ Paul
冒納羅亞觀測站｜ Mauna Loa Observatory
匍匐美女櫻蛾｜ sand-verbena moth

南部非洲草原學會｜ Grassland Society of Southern Africa
南達柯塔州立大學｜ South Dakota State University
南羅德西亞｜ Southern Rhodesia
哈伍德｜ Richard Harwood
哈佛設計研究所｜ Harvard's Graduate School of Design
哈柏｜ Fritz Haber
哈爾｜ Neil Harl
契考恩｜ David Chicoine
威利｜ Tim Wiley
威斯特鎮｜ West
威瑟比｜ Doug Weatherbee
威爾森｜ Bob Wilson
扁頭腹蛇｜ puff adder
施瓦布｜ Tim Schwab
柏斯｜ Perth
柯林斯｜ Abe Collins
柯林斯放牧公司｜ Collins Grazing
柯恩｜ Jerome Irving Cohen
柯曼｜ Dave Coleman
柯爾｜ W.J. Kerr
洛布基金會會員｜ Loeb Fellow
洛克菲勒基金會｜ Rockefeller Foundation
派蒂的完美桃子｜ Patty's Perfect Peaches
派樂賽｜ Himadri Pakrasi
皇家科學院｜ Royal Institution of Great Britain
科瓦利斯｜ Corvallis
科森尼斯河｜ Cosumnes Rivers
約曼斯｜ P.A. Yeomans
約翰・「強尼・蘋果籽」・查普曼｜ John "Johnny Appleseed" Chapman
《美食家》雜誌｜ Gourmet
美國土壤科學學會｜ Soil Science Society of America，SSSA
美國自然保護協會｜ Nature Conservancy
美國國家科學院｜ National Academy of Sciences
美國國家氣候評估及發展諮詢委員會｜ National Climate Assessment and Development Advisory Committee
美國國家野生動物協會｜ National Wildlife Federation
美國野生動物聯盟｜ National Wildlife Federation
《美國農地隔離碳、緩和溫室效應的潛力》｜ The Potential of US Cropland to Sequester Carbon and Mitigate the Greenhouse Effect
美國農業事務聯合會｜ American Farm Bureau
美國碳登錄｜ American Carbon Registry
美國碳農｜ Carbon Farmers of America
英格漢｜ Elaine Ingham
笛卡兒｜ René Descartes
韋伯｜ Keith Weber
韋克斯勒｜ Harry Wexler
韋金｜ Wagin
食物安全中心｜ Center for Food Safety
食物與水觀察組織｜ Food and Water Watch
食物與環境計畫｜ Food and Environment Program
俾斯麥｜ Bismarck
俾斯麥州立學院｜ Bismarck State College
唐諾文｜ Peter Donovan
席哈理倪｜ Gilles-Eric Séralini
庫茲鎮｜ Kutztown
庫普曼｜ Tim Koopmann

朗格｜ Jonathan Lundgren
格林苜蓿｜ Grimm alfalfa
格羅夫曼｜ Peter Groffman
格蘭特｜ Ulysses S. Grant
桑迪亞國家實驗室｜ Sandia National Laboratories
桑諾｜ Sunol
泰勒｜ Robert Taylor
泰麥爾｜ Erin Tegtmeier
砲臺公園｜ Battery Park
粉紅心福祿考｜ pink-eyed phlox
納瓦霍保護區｜ Navajo reservation
索卡｜ Soka
《草的生產力》｜ Grass Productivity
草原壺穴｜ Prairie Pothole
馬拉巴農場｜ Malabar Farm
馬林碳計畫｜ Marin Carbon Project
馬蒂｜ Jaymee Marty
馬爾佩邊陲小組｜ Malpai Borderlands Group
馬賽族｜ Masai
剪尾王霸鶲｜ scissor-tailed flycatcher
國家公園管理署｜ National Park Service
國家永續農業聯盟｜ National Sustainable Agriculture Coalition
國家科學基金會｜ National Science Foundation
國家野生動物保護區｜ National Wildlife Refuge
國家森林保護區｜ National Forest Reserve
國家農場公司｜ National Farms
國際熱帶農業研究中心｜ International Institute of Tropical Agriculture
基林｜ Charles Keeling
基爾申曼｜ Fred Kirschenmann
奎維拉聯盟｜ Quivira Coalition
密梅加拉｜ Mimegarra
崔弗斯｜ Peter Traverse
常綠農業｜ Evergreen Farming
康尼格拉（食品公司）｜ ConAgra
強鹿牌｜ John Deere
強森｜ David C. Johnson
探測車｜ Curiosity
曼丹｜ Mandan
曼尼托巴｜ Manitoba
《犁、瘟疫和石油：人類如何掌控氣候》｜ Plows, Plagues and Petroleum: How Humans Took Control of Climate
畢譚｜ Eliav Bitan
《異形奇花》｜ Little Shop of Horrors
《荷頓奇遇記》｜ Horton Hears a Who!
莫耶｜ Jeff Moyer
莫瑞斯｜ Belinda Morris
透納｜ Newman Turner
野生動物保衛者協會｜ Defenders of Wildlife
野鴨基金會｜ Ducks Unlimited
雪莉｜ Shelly
魚類暨野生動物署｜ fish and wildlife service
鳥足擬三葉草｜ bird's-foot trefoil
麥吉本｜ Bill McKibben
麥斯特森｜ Kathleen Masterson
麥當諾｜ Bill McDonald
傑佛瑞｜ Michael Jeffery
傑克森｜ Laura Jackson
《喀布爾美容學校》｜ Kabul Beauty School
富勒｜ Jay Fuhrer
《復原力》｜ Resilience
提哈馬｜ Tihama

《最艱困的時光》｜The Worst Hard Time
棉鈴象鼻蟲｜cotton boll weevil
湯普森｜Daniel Thompson
無名鎮｜Whoville
硬石分會｜Hard Rock Chapter
華特曼農業與自然資源試驗所｜Waterman Agricultural and Natural Resources Laboratory
華盛頓牧牛人協會｜Washington Cattlemen's Association
華盛頓耕地生產者｜Tilth Producers of Washington
菲洛馬斯｜Philomath
萊恩｜Matt Ryan
集中型動物飼養業｜concentrated animal feeding operations
《飲食革命》｜Eating on the Wild Side
塔利班｜Taliban
奧加拉拉蓄水層｜Ogallala Aquifer
奧古斯塔高爾夫球俱樂部｜Augusta National Golf Club
奧本大學｜Auburn University
奧勒岡州農業學院｜Oregon State Agricultural College
奧羅維爾｜Oroville
愛荷華州立大學｜Iowa State University
愛荷華務實農民｜Practical Farmers of Iowa
愛荷華農業事務聯合會｜Iowa Farm Bureau
新墨西哥州立大學｜New Mexico State University
萬德｜Michelle Wander
萱草｜daylily
葉斑病｜leaf spot
葛瑞芬｜LaVon Griffieon
葛雷牧場｜Gray Ranch
蜂香薄荷｜bee balm
路希植物園｜Luthy Botanical Garden
農地投資公司｜Farmland LP
農場法案｜farm bill
農業系統試驗｜The Farming Systems Trial
農業研究署｜Agricultural Research Service
《農業聖典》｜An Agricultural Testament
農達｜Roundup
農糧部｜Department of Agriculture and Food
道茲｜David Douds
達令崖｜Darling Escarpment
雉雞永存｜Pheasants Forever
雷文霍克｜Anton van Leeuwenhoek
雷克斯｜Rob Rex
雷維爾｜Roger Revelle
塵暴｜Dust Bowl
榭爾｜Sara Scherr
歌帶鵐｜song sparrow
《滾石》雜誌｜Rolling Stone
漢尼｜Rick Haney
碳匯｜carbon sink
碳基糖｜carbon sugar
碳農業倡議｜Carbon Farming Initiative
碳管理與吸存中心｜Carbon Management and Sequestration Center，C-MASC
維希納｜Craig Wichner
維爾薩克｜Tom Vilsack
臺夫特｜Delft
赫夫納｜Ferd Hoefner
赫倫｜Hans Herren
齊威克｜Steve Zwick
齊勒克｜Dawit Zeleke
憂思科學家聯盟｜Union of Concerned Scientists
摩西奶奶｜Grandma Moses

摩利爾｜ Justin Smith Morrill
歐盟排放交易制度｜ European Union's Emissions Trading System
潔淨能源未來計畫｜ Clean Energy Future plan
豬肉利基市場工作小組｜ Pork Niche Market Working Group
醉魚草｜ buddleia
魯尼｜ Dan Rooney
魯迪曼｜ William Ruddiman
魯賓森｜ Jo Robinson
穆加比｜ Robert Mugabe
穆森蓋奇｜ Jessica Musengezi
諾瓦克｜ Martin Nowak
諾姆森｜ Dave Nomsen
諾華｜ Novartis
錢伯斯｜ Chambers
霍華爵士｜ Sir Albert Howard
戴夫｜ Dave
戴菲諾｜ Kim Delfino
戴爾｜ Randal Dell
戴蒙德控告查克拉巴蒂案｜ Diamond v. Chakrabarty
加州牧地保育聯盟｜ California Rangeland Conservation Coalition
環境工作小組｜ Environmental Working Group
環境保衛基金｜ Environmental Defense Fund
環境保護局｜ Environmental Protection Agency
聯合國氣候變化綱要公約｜ United Nations Framework Convention on Climate Change
蕾佛｜ Anne Raver
賽克斯｜ Friend Sykes
颶風珊迪｜ Hurricane Sandy
檸檬補骨脂｜ lemon scurfpea
薩弗瑞｜ Allan Savory
薩拉汀｜ Joel Salatin
薩斯喀徹溫｜ Saskatchewan
薩爾瓦多｜ Ricardo Salvador
藍脊山脈｜ Blue Ridge Mountains
豐收公共媒體｜ Harvest Public Media
轉譯基因組研究中心｜ Translational Genomics Research Institute
《雜食者的兩難》｜ The Omnivore's Dilemma
鵜鶘島｜ Pelican Island
懷特｜ Courtney White
瀕危物種聯盟｜ Endangered Species Coalition
瓊斯｜ Christine Jones
羅岱爾｜ Jerome Irving Rodale
羅岱爾研究中心｜ Rodale Institute
羅德斯｜ Cecil Rhodes
關稅與專利上訴法院｜ Court of Customs and Patent Appeals
鵪鶉永存｜ Quail Forever
蘇斯｜ Hans Suess
蘋果黑星病｜ apple scab
龔培德｜ Terry Gompert
蘿絲甘乃迪綠廊｜ Rose F. Kennedy Greenway

土壤的救贖

科學家、農人、美食家如何攜手治療土壤、拯救地球

THE SOIL WILL SAVE US:

HOW SCIENTISTS, FARMERS, AND FOODIES ARE HEALING THE SOIL TO SAVE THE PLANET

作者　克莉斯汀・歐森（Kristin Ohlson）
譯者　周沛郁
校對　魏秋綢
內頁排版　謝青秀
責任編輯　賴淑玲
行銷企畫　陳詩韻

社長　郭重興
發行人兼出版總監　曾大福
總編輯　賴淑玲
出版者　大家出版

發行　遠足文化事業股份有限公司　231 臺北縣新店市民權路 108-2 號 9 樓
電話　(02)2218-1417　傳真 (02)2218-8057
劃撥帳號　19504465　戶名　遠足文化事業有限公司
法律顧問　華洋國際專利商標事務所　蘇文生律師
定價　320 元
初版一刷　2016 年 8 月
初版七刷　2020 年 10 月

國家圖書館出版品預行編目 (CIP) 資料

土壤的救贖：科學家、農人、美食家如何攜手治療土壤，拯救地球 / 克莉斯汀．歐森 (Kristin Ohlson)；周沛郁譯．-- 初版．-- 新北市：大家出版：遠足文化發行，2016.08
256 面；15 × 21 公分．--(Common；33)
譯自：The soil will save us : how scientists, farmers, and foodies are healing the soil to save the planet
ISBN 978-986-92961-6-8(平裝)

1. 土壤保育 2. 土壤汙染防制 3. 全球氣候變遷

434.22　　105013130